这就是好人

浙大邵剑关于好人精神与价值九堂课

邵 剑 ◎ 著

安徽师范大学出版社
ANHUI NORMAL UNIVERSITY PRESS

· 芜湖 ·

图书在版编目(CIP)数据

这就是好人:浙大邵剑关于好人精神与价值九堂课/邵剑著. —芜湖:
安徽师范大学出版社,2022.7
ISBN 978 - 7 - 5676 - 4567 - 7

Ⅰ.①这… Ⅱ.①邵… Ⅲ.①个人－修养－通俗读物 Ⅳ.①B825－49

中国版本图书馆 CIP 数据核字(2021)第 030530 号

这就是好人——浙大邵剑关于好人精神与价值九堂课

邵　剑◎著

ZHE JIUSHI HAOREN——ZHEDA SHAOJIAN GUANYU HAOREN JINGSHEN YU JIAZHI JIU TANG KE

责任编辑:房国贵
责任校对:郭行洲
装帧设计:张德宝
责任印制:桑国磊
出版发行:安徽师范大学出版社
　　　　　芜湖市北京东路 1 号安徽师范大学赭山校区
网　　址:http://www.ahnupress.com/
发 行 部:0553 - 3883578　5910327　5910310(传真)
印　　刷:安徽联众印刷有限公司
版　　次:2022 年 7 月第 1 版
印　　次:2022 年 7 月第 1 次印刷
规　　格:635 mm×965 mm　1/16
印　　张:18.75
字　　数:195 千字
书　　号:ISBN 978 - 7 - 5676 - 4567 - 7
定　　价:78.00 元

如发现印装质量问题,影响阅读,请与发行部联系调换。

前 言

　　好人是社会和谐与发展的基石,大家也渴望你我他都能成为为他人着想的好人。

　　对什么是好人,以及好人的类型,本书做了详细严谨的探讨。对于好人的定义,社会上有着各种各样的说法与理解,但是有些说法是不准确、不严格的,个别还存在着概念模糊、伦理颠倒、逻辑错误、好歹不分等问题。

　　好人的定义不应该是模棱两可的,也不应该是非此即彼的。二十世纪八九十年代,北京大学季羡林教授曾提出"考虑别人比考虑自己稍多一点就是好人"的论点。后来北京大学王选教授指出"考虑别人与考虑自己一样多就算好人"。这些都点到了好人定义(或概念)的核心——为他人着想。

　　本书给出好人的正确且严格的定义,还将好人分为精神型与物质型、习惯型与偶尔型等。同时还指出做个好人是快乐的,是容易的,是美好的,也是很难的,是需要舆论的肯定与法律的保护的。

因为对自然科学美的欣赏与感悟，对自然科学逻辑思维的理解与领悟，都是属于全人类的，所以用自然科学的思维与术语来分析好人与为他的人文问题，似乎更确切更严格些。例如，某一概念"P"的定义为"Q"，则"Q"与"P"必须既是充分条件，又是必要条件。

经几十年的观察、阅人、分析、研究、梳理后，笔者撰写了本书。本书的宗旨是用准确的语言来表述，给好人下一个严格的定义。本书给出的好人定义是**"为他人着想，并不求被报答"**，简言之就是**"为他"**。为他，就是做有利于他人的事，说有利于他人的话，感受他人的感受，为他人之忧而忧，为他人之乐而乐，尊重他人享有平等的地位与尊严的权利。显然，在这充满不同声音的变幻世界中，好人总不会离开为他这一点。同时，本书还罗列并分析了令人鄙视的种种损伤他人的行为和让人赞美的种种为他的行为。本书还分析了部分容易践行的精神型为他行为，如倾听、陪伴、感恩、宽容、谦卑、道歉等。

本书是研究好人的一部学术性著作，绝对不是说教，不是生硬机械的空谈。本书是笔者在浙江大学好人学讲座的原稿基础上加工提炼而成的。

笔者用心并真诚地撰写本书，得到很多朋友认可。他们一致认为本书文字平易质朴，感情真挚细腻，观点鲜明，思维活跃，推理严密，分析严谨，条分缕析，事例真实且通俗易读，还有内容生活化等特点,并且解读都统一在"为他"这一核心。

　　本书的论点有点新颖,并有严格的分析论证过程与实际背景。例如:什么样的人才是真正的好人;什么样的脾气才是真正的坏脾气;什么样的劝慰与陪伴才真正有效;被他人着想的人应该如何充分考虑到为你着想的人;被损伤者的真实快乐不是自我调节与忍让就能达到的,解铃尚须系铃人;拒绝被爱是给对方的一种伤害;赠人玫瑰,只有对方接受了玫瑰,我手中才会留有余香;追求"为他",不必强求"无我";追求次美,不必强求完美;等等。

　　有不少朋友明确指出:本书需要静下心来用心阅读,反复品味,不断反思,再读再品。因为再读再品会体味到深层次的意义,读者就会认同本书的观点,并理解其价值。

　　如果你认为笔者的某一观点或对某一现象的分析言之有理,在你随便一瞥其中的一节一段就有所感悟,并在为利他行动着,那么我将甚感欣慰。当然,笔者更高兴和你一起深入研讨、商榷,从中增益,更期待和你一起合作续写、完备有关好人的内容,创建**好人学理论**。

　　科学美美在其真,社会美美在其善;好人美美在其为他,为他美美在其社会更美。

　　好人的价值在于为他人着想的善、德、魂等为社会传递一种为人行事的准则与精神,让社会形成一个**好人场**,构造一种互助生存的环境。

好人场是人人为他人着想的德行在社会空间的分布。这种震撼人们心灵的精神场,会使社会基础更稳固,人们生活更和谐、更温暖、更美好。

朋友! 你我不曾相识,但很高兴我们有幸相聚于本书。祈望通过本书,你我能成为有着为他信念的朋友,这是一种信任与缘分。祈望天下更多的人成为有着为他信仰的好人。

愿为他精神长存!

邵　剑

二〇二一年春于杭州

目　　录

第一讲
好人概念

概念是一种反映某类事物本质属性的、一般性特性的基本思维形式。人们在考虑的对象中撇开其非本质属性,抽出其本质属性,加以概括抽象形成概念。

概念是思维的基础,没有严格又准确的概念就无法创新。新的概念形成关系到新的学科或系统的建立与新的成果产生。引入不同的概念就可建立不同的学科或系统,可产生不同的新成果。

科学研究就是先提出概念,后完善系统,并深入研究论证,最终产生新的成果。

第一节　好人的定义

一、什么是好人

早在二十世纪八九十年代就有如下三个关于好人的严格观点：

考虑别人比考虑自己稍多一点就是好人。

——北京大学教授　季羡林

考虑别人与考虑自己一样多就算好人。

——北京大学教授　王　选

考虑到自己的同时，也能考虑到他人的人是好人。

——浙江大学教授　邵　剑

上述三种好人的观点之间是一种类比推理的思维，它们共同的核心思想是"考虑到别人"，即"为他人着想"。经梳理提炼，可简洁地给出**好人正确且严格**的定义：

能为他人着想，且不求被报答的人。

换言之，"能为他人着想，且不求被报答"是好人的充分条件，又是必要条件。按充分条件与必要条件的意思，显然有：

能为他人着想又不求被报答的人必定是好人；好人必定会为他人着想且不求被报答。

不是好人的人必定不会为他人着想；不能为他人着想的人必定不是好人。

好人的充分必要条件是"为他人着想且无欲无求"者。这是在变幻世界中好人不变的信念与精神基石，**不管你对好人怎么理解，都离不开"为他人着想"这一点**，故"为他人着想"的人作为好人的定义很确切，是好人的思想核心。

为了自己获得报答而去为他人着想的人不应该是真正的好人。

期求被报答的人不是真正为他人着想，故我们在好人的定义中只要突出"为他人着想"即可，或简洁地说**"为他"**。

明确好人的"为他人着想"核心后，就能引导人们正确理解什么样的人才是真正的好人，明白如何实践去做真正的好人，才能深入好人学的研究。

日常生活中，许多习惯用语显然违背了自然科学的数理逻辑思维，大家不能再错下去了。例如，流传的"好人必有好报"，其意思是好人必定会有好的报答，即被好报是好人的必要条件。但大量事实证明"好人必有好报"是一个无知与荒谬的伪命题，是长期误导大众的一个谎言。因为好人根本不图任何回报；因为好报不是好人的必要条件，好人也不是好报的充分条件。换言之，**好人未必有好报，得好报的人未必是好人**。有人说"好人必有好报"是一种祝愿，不一定是结果，其实，这种理解也是错误的，因为期求被报答的人称不上好人。

这样，好人的正确且严格的定义就应运而生了，接下来本书会对好人的精神与价值逐步加以分析与解读。可见,本书是一本老中青少皆宜的非常现实又生活化的哲理性读物,期待能引起更多人的关注与细细品味,更希望能有机会和有着相同观点的贤者们进一步合作探讨、共同研究,建立完备的**好人学**。

二、定义之意

现实中很多人说不出定义到底是什么意思,更理解不清楚充分条件与必要条件的逻辑关系。为此,在这里想特别简介一下。

(1)充分条件和必要条件。

充分条件和必要条件是科学研究工作中最基础又很重要的思维概念。

如果条件"P"成立,那么结论"Q"必定成立。称"P"是"Q"的充分条件,"Q"是"P"的必要条件,简记为"$P \Rightarrow Q$"。其反之未必行,是指"Q"成立时"P"不一定成立。显然,"$Q \Rightarrow P$"的意义亦然。

命题"'P'成立时'Q'一定成立"的逆否命题是"'Q'不成立时'P'一定不成立",这就是"无之必不行"。注意:逆否命题和原命题是等价的。

当"P"既是"Q"的充分条件,又是"Q"的必要条件时,称"P"是"Q"的充分必要条件,简称为充要条件。当然,此时

"Q"也是"P"的充分必要条件,简记为"P⟺Q"。

摩擦产生热量是人人皆知的一种物理现象。这里,摩擦是产生热量的充分条件,但不是必要条件,即有热量产生时不一定存在摩擦。产生热量是摩擦的必要条件,而不是充分条件。摩擦产生热量的逆否命题是,没有热量产生必定没有摩擦现象存在。

百善孝为先,是大家耳熟能详的俗语。孝顺父母是一个人为善的必要条件,而不是充分条件。也就是说,对父母不孝顺者必定不是百善者;仅对父母孝顺者不一定是百善者。

人的生命存在着是其幸福的必要条件,而不是充分条件。换言之,当人的生命不存在时也就没有幸福可言了,故生命至上是前提。

联合国确定的为他人为社会作贡献的志愿者的充分必要条件是不以利益、金钱、名誉为目的。

(2)定义。

定义,是对某一事件的本质特性及其内涵与外延的核心的确切而简要的说明与概括。准确而严密的定义往往不是一蹴而就的,它需要经过长期的、多方面的探索与提炼才能最后定型,且用准确的语言表述清楚。我们应对某个定义有充分的理解,便可以准确无误地将相应的概念表达清晰。

若欲对"P"进行定义,则必须找到"P"的一个充分又必要的条件"Q",如此才能把这个充分必要条件"Q"作为"P"的定义。若"P"的定义为"Q",则"Q"与"P"必定互为充分必要条件。此时，也可以把"P"作为"Q"的定义。

好人的准确定义应该是什么？有人说，好人是一个模糊的概念，可以有多种定义，这实在是有点无知。有人说，被好人称为好人，又被坏人称为坏人的人是好人，这里明显缺失了好人的充分必要条件，是一种逻辑上的错位。有人说，品行好的人是好人，那么怎样才算品行好，也没有明确，故还是没有给出好人的真正定义。又有人说，不去伤害别人的人是好人，这显然是错误的，因为他们只能算作不是坏人。另外，现在还有不少被大家都认为是好人的人，却被某些人认为不是好人，甚至对真正的好人、为他人着想的言和行严加指责，或嘲笑贬抑，或不屑一顾，或认定为不合时宜不符潮流。还有人认为根本就没有好人与坏人。再有提出"好人条款"之类的人，自己也根本说不清楚什么样的人是好人。

这些不当的认识大多是因为有些人太缺乏自然科学的基础修养与思维，导致好人的概念模糊、伦理颠倒、逻辑错位、没有标准、好歹不清。因此，在全社会普及自然科学的基本概念与思维极其重要，给出好人的确切定义很重要。

本书以充分必要条件的自然科学逻辑思维赋予好人确切的定义，并对好人精神与价值予以论述。

三、好人的内涵

好人"为他人着想，又不图被报答"，可解释为尊重他人、考虑他人、关爱他人、理解他人、帮扶他人、感恩他人,以及严格遵守社会公共道德。

（1）万物之间需要互相依存、交往与协同。在共同的社会生活中,人们约束自己、调整自己的行为准则与规范,被称为道德。

道德的核心内容就是"为他人着想",以此来评价善与恶、真与假、为他与自我、诚实与虚伪、正义与非正义、平等与霸凌、尊重与歧视、公正与偏私等。道德往往存于内,而善恶行于外。

道德的本性是自律,道德是隐性的法律。道德是社会价值所在,是生命意义之源。

好人是道德的模范,是社会互助生存与和谐稳定的中坚。遵守社会生活中的基本行为道德准则与规范,是好人的内容,也是好人的价值所在,且是好人自己的一种自觉行为。厚德是中华文化的精神之魂,厚德精神承载着时代赋予的使命和责任。

社会需要好人及其为他人着想。好人志愿于慈善、助人为乐、见义勇为、诚实守信、敬业奉献、孝老爱亲等,这些都是在为他人着想。好人有苦自己吃、得理还忍让,别人有难冲上前、受人恩惠心不安,以及被赞扬而不张扬,都是他们的优秀品质。

（2）"为他人着想",首先是**尊重他人**！多为对方的人格与自尊着想,多让对方留下一份能感受到的快乐与尊重。尊重他人,就是重视他人、尊敬他人,尤其是尊重他人的生存权、健康权与自尊心。尊重他人是一个人的基本素养。

尊重他人,不是抽象的,也不是随口说说的,也不可能用金钱替代的。尊重他人,是实际的具体的,也是简单的容易的,关键是真心诚意。尊重对方会很明显地表现在你的神情言谈、行为举止中。

尊重对方,就从和对方接触时的表情和称呼开始,如善意的微笑、委婉的话语、亲切的称呼、诚恳的态度、起立凝视……尊重对方,就应该能耐烦、会等待、常问候、有敬畏、善倾听、乐陪伴、知感恩、会宽恕、达共识。反之,就是不尊重对方的表现。

尊重他人,就应该约束自己、肯定对方,愿通报真相与事实,会感知他人的感受。

尊重他人,绝对不可以贬低、歧视、菲薄与揶揄对方,不可以颐指气使、盛气凌人、口是心非地待人,绝不可以让对方受到无妄之灾。

每个人都有自己的人格与自尊,这如同自己的生命一样珍贵,都不容被别人侵犯。**不管双方的地位、权力、财富、年龄、职业……相差多大,大家都是平等的**,都应该互相尊重,和谐友善相处。这就是为他人着想的前提与基础。

每个人的人格与自尊不容被侵犯。

尊重他人就应该理解在前、肯定在先。

(3)"为他人着想",特别要设身处地地关注对方的状态,感知对方的感受,去抚平他人的痛苦,去消除他人的无望,即他人所忧我念之,他人所盼我行之。"为他人着想",就应该同情他、理解他、欣赏他、接纳他、支持他,就应该陪伴他、倾听他、安慰他、祝福他,给被伤害者以同情与安慰,让孤独者有依靠。绝不能言语尖酸刻薄地说教和指责,更不能嫌弃疏离他。做到这些就是在为他人着想。

"为他人着想",还应该帮扶他人、方便他人、减轻他人的困难。**给迷茫者以希望,使饥饿者有饱食,让寒冷者得温暖,为虚弱者注能量。**

例如,二十多年前,在某监狱工作的张姓女警官创办了一个名为"太阳村"的民间慈善组织,专门收留、抚养服刑人员的未成年子女。张警官为他人考虑的做法,既为服刑人员子女提供了生活上的帮扶,让他们有一个安全稳定的成长环境,又能使服刑的父母安心接受改造。

又如,有一女法官主张对未成年人犯罪慎用严厉的实刑,坚持能判缓刑的尽量不判实刑。她认为法律的精神更重要的是拯救,为了未成年人的未来,对未成年孩子的关爱与帮扶比实刑惩罚更有意义。

(4)"为他人着想"就是对他人的爱。"凡是人,皆须爱。"**爱蕴含着爱他人和被他人爱**两方面,即为他人着想和被他人着想。好人不但会付出为他人着想的爱,也会接受被他人着想的爱。因为**接受被爱,接受被他人的着想,也是在为对方着想**,更是对为他人着想的人的肯定、尊重与爱,否则便是却之不恭了。

例如,善于与他人合作,分享他人的成功与幸福也是一种爱他人与被他人爱的过程。

"为他人着想"就是与人为善,做有利于他人的事,说有利于他人的话;就是存善念、做善事、说善话,以善待人,以德报人,视他人的尊严与人格至上,让他人满足、愉悦,让他人成功、强大。这种为他人着想的人必是好人。

"为他人着想"的这些德行是好人的思想核心,是好人的充分必要条件。就个体而言,对他人的态度是个体涵养的重要表现;就社会而言,对他人的姿态体现这个社会的文明与社会的担当。

四、好人的价值

好人的价值在于为他人着想又不求被报答。这是一种奉献,让他人生活得更好,让社会变得更好。

有人经常会质疑"我为什么要为别人着想""我为什么要做个好人"等,这些质疑的问题其实就是价值的问题,更深层次地反映一个人的道德修养问题。

(1)好人的价值首先是**生而为他**,是为他人着想又不求被报答,使被他人着想的人获得满足与快乐、方便与慰藉,以及有尊严与被平等。

自愿为他人个人着想是有价值的,为集体为社会做点有益的事就更有价值了。笔者曾在教师工作之外做过不少为他人为集体的"闲事"。例如,在二十世纪八十年代初,在我任教的大学校园内曾发生过几起重大刑事案件,却迟迟不能告破。我被邀参与核心侦破工作后,按我的方案很快成功破案,对校园环境安定具有相当的价值,对社会安全环境的营造也有积极意义。

（2）好人价值的另一点是坚持为他人着想的习惯能使自己精神充实和道德修养提升。被好人着想的人获得了满足与快乐,而这也使好人自己获得快乐,这是一种附加价值。

好人的价值在于为他人着想,是一个人心中纯净无瑕的信仰与至崇至善的体现,以及精神力量的原动力,它比学科素养与综合技能更重要。好人的价值在于容载万物万象,容载他人,这是个体的安身立命之本。

为他人着想是一个人的软实力之一,是做人做事时考虑他人利益优先于考虑自己的崇高精神。例如,为学生多着想优先于为教师自己的考虑;为患者多着想优先于为医者自己的利益。又如,能够思考未来的一些企业家们也开始意识到一定要确立为他人着想的理念,要让客户舒服,要让合作伙伴舒服,要让大家都舒服都有收益。

（3）好人的价值更在于为他人着想的善、德、魂,为社会传递一种做人的行为准则和规范的文化与精神,让社会形成人人为他人着想的**好人场**,构造一种互助生存的环境,而非强势者生存环境。

场,泛指某一个量在空间的分布。好人场是人人为他人着想的德行在社会空间的分布。这种震撼人们心灵的气场就是一种社会文明的精神场,它会使社会基础更坚实,人们生活更和谐、更温暖、更美好。换言之,社会文明的充分必要条件是人人都能为他人着想。强劲的好人场形成,尚需人人努力。

(4)语言是人类所特有的用于表达意思、交流思想的工具。语言表达的战术十分讲究,它可以是和善的,也可能是对抗的或攻击性的。

好人的价值常常体现在以暖心和善良的语言表达对他人的关爱。不能给予他人钱财,则送上几句吉利、祝福、赞美的话,这是给予他人快乐与肯定、信心与力量,是为他人着想的表达。好人说话不但内容暖心,而且说话方式温和,会考虑到对方的情绪。好人总是说真诚的话、诚恳的话、智慧的话、明理的话、赞美的话、谦和的话……如果说妄语、打诳语、出恶言,语言充满脏话甚至带有攻击性伤害性的成分,必定不是好人,必然会引起人与人之间的不和与对立,乃至影响社会的和谐。

(5)好人价值还有一个重要的点,即尊重对方的意愿与需求,能感知对方的感受,切不可以完全按照自己的主观意向或思维习惯去考虑对方,更不能将自己的想法强加于人,否则就与为他人着想的初衷背道而驰。

让好人真正具有价值的必要条件是个体的德行,不能由着个人的性子肆意妄为,而应该耐心、主动、专注、尊重与诚恳,绝对不可以不予理睬、没有耐心,也不可以率尔而对。

好人的价值容易在好人的必要条件或其逆否命题中显现。例如,耐心倾听对方把他要说的话尽情倾诉完,不中途打断他,不反驳、教训、抨击他,是好人的一个必要条件。显然,其价值是帮助对方消解憋闷,获得安慰与纾解,达到精神上的轻松与愉悦。反之不然。

被他人着想着、被他人尊重着是快乐的,是有价值的,这种价值重于金钱。

好人的为他人着想的思想与行为是根植于其自己的内心的,是无须提醒的自觉,是以约束自己以牺牲自身利益为前提的自由。

生而为他,坚定为他人着想的信念,强化为他人着想的价值,筑牢为他人着想的社会基础。

五、好人定义的诠释

这里,对好人的定义进行一些必要的诠释。

（1）在好人的定义中,为他人着想是好人的核心思想之外,还应该强调的一点是好人为他人着想不求回报,不以自己的利益、金钱、扬名等为目的,不求自己有任何物质报酬与名誉地位的报答。然而,好人自己却会付出一定的代价,例如自己的智慧、精力、时间、能力、财富与爱心等。

（2）好人的定义中还应该强调一点：好人是不会祈求被报答的，但是**好人也不应该受到非议、反诬、冷落、对抗、责难与误会，好人应有不被伤害的权利**，因为好人也有自己的自尊与人格。

例如，父母对子女艰辛付出是不会求子女报答的，但是不能接受子女否定父母对其生养、培育的事实，子女也不应对父母有菲薄、谩骂、冷落、诬陷与责难的态度或言论。

（3）显然，为他人着想要适度，不可过度热情，也不可把自己的善意强加于人，否则容易发生"升米恩，斗米仇"的怪现象。

（4）这里所说的为他人着想，绝不是说不考虑自己。任何人都不可能因为考虑他人而没有了自己的个性和自我的利益。个人的利益是一个人生存发展的基础，故尊重、争取自己的利益而考虑自身是很自然的，承认每个人的不同需求和不同看法是正常的。但是任何人都不可以过度自我，而可以一定程度上放弃个人利益，在保留自我的同时为他人着想，做到兼顾各方，或向"他者"略表妥协。这是社会和谐发展的基础。

（5）如果只考虑他人而绝不考虑自己，那是不可能的，也是不现实的。

"无我"，似乎是一种至美境界，但是"无我"或许只是一种虚幻妄想的完美。因为"无我"超脱了现实，架空了个体生存发展的基础，会动摇社会存在的根本。因此，**与其追求"无我"，还不如去执着践行为他人着想**。这是一种次美的追求，好人能在实现这种次美行为中争取更美。

完美是美,但是有点欠缺的**次美是一种奇异的美,**它深藏着进步和完善的动力,以及提升的空间。

(6)请注意:好人绝对不是老好人,老好人不一定是好人。因为老好人一般不太会关注到他人,而且老好人往往是缺乏原则、是非不分、圆滑待人、爱憎不明。

(7)好人、非好人与坏人和他们的外表形态是没有关系的。

六、好人的必要条件

好人的充分条件是为他人着想,又不求任何报答。此外,成为好人还必须满足一定的必要条件。由逆否命题的推导过程可知,不符合这些必要条件的也就不是好人。

显然,"诚"是好人的一个必要条件。这个"诚"是指诚实、诚心、诚意、诚信与真诚。**没有了"诚"的人绝对不可能是个好人。**

诚信的核心是心诚行正,讲真话做真事敢担当,"凡出言,信为先"。

1998年,香港廉政公署执行处公开选拔一名官员,其中一道20分的笔试题为"简述唐太宗李世民为了保护环境采取的措施,并论述其合理性"。结果参加考试者洋洋洒洒答题,唯有一蔡姓男子回答"不知道李世民当年采取过什么保护环境的措施,那时应该没有环境污染吧"。

结果只有他一人获得满分,因为那时根本没有环境保护之说。因为本题的目的是测试应试者的诚信度,即是否具有**"知之为知之,不知为不知"**的诚实品德。

一个人的细节常常体现在方方面面,许多容易被忽略的细节可能被一些人习以为常,甚至以无心之过作辩驳。例如,轻许诺、不守时、懒散、赖账、欺凌、欺诈、弄虚作假、捏造事实、谎言诡辩,等等,都足以反映这个人的不诚信,足以"一票否决"。

"诚"很容易在一个人的细节中被注意到,由此可以知道这个人的言行是否一致,是否心中有为他人的善。诚信使双方相互信任和理解,诚信一方必然会唾弃不诚信一方。

诚信至上,诚信无小事。诚信是超越金钱的崇高美德。诚信乃为人之道,立身之本。诚信的意义在于精诚所至、金石为开。

同情心和慈悲心是好人的另一个必要条件。由"无之必不然"知,没有同情心和慈悲心就不会为他人着想。

不去责怪别人,不去生硬、机械、空洞地说教他人,是好人的又一个必要条件。换言之,总去责怪别人,或喜爱训斥、反驳他人的人则不是好人。

让他人把要说的话说完,是好人的又一个必要条件。其逆否命题是显然的。

还有,陪伴倾听、知恩图报、接纳被爱、约束自己、宽容别人、耐心平等及能顾及旁人的感受等,都能成为好人的必要条件。它们的逆否命题是容易理解的。

第二节　好人的类型

按不同的属性、不同的时段、不同的范畴，对好人进行适当的分类是有必要的。

笔者自我作古地提出好人可以分为精神型和物质型、习惯型和偶尔型等。

一、精神型与物质型

许多人认为，要能考虑到他人则必须具有相当的经济实力，否则就难以帮扶他人。这只是在物质层面以经济实力考量的片面论调。在物质层面上意义明显一些的这类好人，不妨称其是**物质型**的好人。

（1）笔者认为大多数人更需要精神层面上的关爱、安慰、理解、尊重、呵护、陪伴。因此，即使没有财富积累的人，也可以在精神层面、心理方面帮扶别人。只要心中行中处处有他人，只要有善心有慈爱，人人都可以多做些力所能及的善事。行，指行动、行为、言行等。如果哪一时刻、哪一句话、哪一行动能给他人以收益与快乐，那就是有价值的。

尊重对方，倾听对方的倾诉，理解对方的处境，考虑对方的感受，安抚对方的伤痛，给对方以友善与宽容，能共鸣，肯反思,知感恩,问候弱小者,陪伴孤独者,**为了他人能够约束自己的言行**,等等,都是在精神层面、心理方面上的帮扶。例如,有人在自己被确诊患上传染病时,首先担心的是自己周围的人会不会被传染,并提醒他们及时检查。因此,不妨称这类好人是**精神型**的。

精神型行为的好人具有生活化特征,是常态的,其最终目的是让他人感到有尊严、有快乐、更精神。其实,物质型行为的好人的初衷也是为了他人的快乐、幸福、尊严。这两种类型好人的本质是相同的,都是为他人着想。

在某种意义上讲,好人的精神型行为或许比物质型行为更重要更有意义。本书就精神型好人行为先加以阐述与剖析。

(2) 好人往往可以利用自己的专业技能参加一些公益慈善活动和志愿服务。

公益慈善活动是自然人和有关组织自愿出人、出物或出钱开展扶贫济困,或救助因重大突发事件造成损害的行为,现已拓展至促进科学、卫生、环境保护等有利于社会公共利益的领域。

公益慈善活动中,以捐款赠物并及时兑现的方式参加捐赠的人多是属于物质型的;提供志愿服务的参加人员属于精神型的。显然,参加公益慈善活动的这两类人都是心中行中处处有他人的好人。

二、习惯型与偶尔型

除精神型和物质型外,好人还可以分为习惯型和偶尔型。

（1）习惯是指经长期练习或重复,逐渐养成的行为方式。已形成的习惯是不容易改变的。

习惯型好人是指时时事事都会习惯性先考虑到他人的人。他所说的每一句话、所做的每一件事都会习惯性为他人着想。天赋型好人是天生就习惯先考虑别人,是习惯型好人中少之又少的极品好人。他们往往会痴迷到在睡梦中还会去分析别人的感受与需求,在梦醒后会即刻给对方现实的关爱与帮助。

一般而言,习惯型好人考虑他人的习惯行为,是需要被教育、被培养、被约束、被重复实践的,需要家庭的教育和社会的教育才能养成。

习惯性型好人考虑别人具有持续性和主动性。

（2）**偶尔型**好人是指在某一瞬间、某一细节、某一言行上会考虑到别人的人。他们考虑别人具有间或性和情绪化,有时间性、地域性、人员性与事情的性质等局限。

如果一个人曾经为他人的处境而心酸或感动,为某个和自己毫不相干的事而激动流泪,并由此引发一些不同寻常的感触和行动,那么说明他还是一位会考虑到他人的人,还是有一点同情心的人。也可以算是偶尔型好人。

尽管有些偶尔型好人有点自我,有点功利色彩,有点为了自己去考虑别人,或为了做好人而做好人。这不要紧,一是因为一个人的偶尔性好人行为的长期积累,会使自己的偶尔性行为转化为习惯性的行为、自觉的反应。二是因为很多人的偶尔性好人行为的拼接,就会逐渐形成一种考虑他人的好人社会气氛、社会环境、社会现象。这样,让大家很欣慰很温暖,高兴地看到了希望。好人丛生会形成一股向善相爱的力量。

三、非好人

显然,根据好人的定义可知:不会为他人着想的人不是好人。不妨称不是好人的人为**非好人**;非好人的人是不会真心为他人着想的,是不会感悟他人感受的。有时候好人也可能一不小心成为非好人,或许是因为考虑他人欠周全或一时疏忽吧。

(1)有一类非好人生来就只考虑自己,不管别人如何。这种人如果偶尔去考虑一下别人,往往有着强烈的个人目的,或想从对方索取自己需要的东西,或期待被对方报答。

有一类非好人极端自我,认定这世上只有他一个人,万事以我为先,不会再有其他人,没有先辈没有子孙,没有历史没有未来。这种人如果只活在当下,自我膨胀或压抑到极端就会损害、侵占他人的利益,甚至侵犯、剥夺他人的生命,严重破坏社会公共秩序,那么他们就变成**坏人**。

心中行中没有他人的人必定不是好人，但不一定是坏人。

不是坏人的人不一定是好人。

不是坏人又不是好人的人是绝大多数的。这类人或许有点以我为中心，把自己的利益看得很重；或许他们有点明哲保身、孤芳自赏；或许他们对爱麻木不仁、无动于衷，不珍惜关爱与被关爱；或许他们还会揶揄好人，不会敬重他人，更不会关注对方的心理感受等。

（2）人的两面性是可以互相转换的。显然，好人、非好人又是非坏人的人、坏人这三类人之间可以互相**转换**。例如，有些原来的好人可能堕落转换为非好人，甚至坏人；许多坏人在被约束被训诫后可以转换为非坏人，甚至转换为好人。

不是好人也不是坏人的人也是可以转换为好人的，这种转换需要被教导被约束以及个体的学习与修身，需要经历磨难与曲折。一方面，让他们管控自己的任性，遵从维护公共秩序的规矩，学会尊重他人感受对方。另一方面，加强感恩与敬畏意识，加强对爱与被爱的认识，让他们爱天地、爱生命、爱他人。让他们懂得：

只有在约束中更能显示出善心，

只有在规矩之下才能给予温暖。

（3）**两面性伪人**当然属于非好人。

任何事物都具有两种互相对立的倾向或性质，或许会产生完全不同的结果，甚至互相矛盾互相排斥。这就是事物的两重性，或称两面性。例如正与反、实与虚、阳与阴、真与假、优与劣、美与丑、难与易和乐与苦等。

人也有两面性。例如一个人有坚强的一面,也会有柔弱的一面;一个人有为他人着想的一面,也有需要被他人关爱的一面。社会上还存在一种对待不同的人完全是两种态度两张嘴脸的**两面性伪人**。

例如,存在这样一类人,他们对一些人似乎有着深仇大恨,穷凶极恶,而对另一些人却彬彬有礼、多加着想;有人对和自己有着密切利害关系的人俯首帖耳、卑躬屈膝,而对其他人则是颐指气使、飞扬跋扈,甚至不视其为人;有人常常把自己最坏的脾气发向亲人,把怨仇撒给家人,对有血缘的亲情厌恶痛恨,却在家外面和风细雨、温言软语,虚伪地去参加一些所谓的社会公益活动。他们是十足的两面性人,绝对是非好人。

显然,这类人的性格极度扭曲,有着极强的私利目的。这类人已沦落到以伤害一部分人来获得自己某种满足,又在另一部分人面前把自己伪装成为他人着想的人。他们属于因人而异有着完全不同的目的、心态和行为的**选择性**人群,他们的两面性让人感到吃惊,不解又不齿。他们虽然会为一部人考虑着,但这种为他人考虑是不真诚的,且他们同时又在伤害另一部分人,或许是他们完全为了自己的一种手段而已。

这类人是伪善者,必是非好人,绝对不能算作真正的好人。因为**真正的好人绝对不会去伤害另一部分人**。例如,仅凭他们对耄耋父母的对抗、冷漠与视爱为仇的这一点,就足以否定他们是好人。他们的虚伪与不善暴露无遗。

第三节 践行着的好人

为他人着想的各类好人,如无语良师、器官无偿捐献者、志愿者、见义勇为者、陪伴倾听者等,都在努力地为他人为社会实践着,又不求回报。

一、志愿者

志愿者是促使社会和谐美好的重要力量。

(1)1985 年联合国大会通过决议,确定每年 12 月 5 日为"国际志愿人员日"。联合国把志愿者定义为"**不以利益、金钱、扬名为目的,却是为其近邻乃至世界进行贡献的活动者**"。志愿者不为任何物质报酬与名誉报答,奉献个人的时间、能力、财富与爱心,无偿为他人、为社会的进步贡献自己的力量。

志愿者之所以被人们尊敬,是因为他们都是好人,有着**生而为他**的本质特征。

志愿者之所以被人们感动,是因为他们**拥有一种利他精神,一种公益精神,一种慈善精神,一种奉献精神**。以牺牲自己的享受,让他们享受自己的牺牲。为信念,用微笑和奉献诠释志愿者的内涵。志愿者不需要签约,只需要心灵上的盟约。

志愿者给他人带去温暖与关爱,带去帮助与抚慰。志愿

者让孤独者有依靠，使饥饿者以饱食，让寒冷者得温暖，为虚弱者注能量。

志愿者的精神是**"我奉献，他满足，我快乐"**。志愿者具有善良之美、博大之美与奉献之美。

（2）志愿者是社会公益慈善活动的主体。

公益是指公共的利益，慈善是指对他人的关爱与同情。公益慈善活动就是为他人为社会着想的一种好人行为，是一种志愿者的服务与贡献。公益慈善活动具有凝魂聚魄、见贤思齐的作用，是对社会道德文明建设的奉献。

志愿者通常活动在诸如奥运会等大型活动中，而更多的也出现在我们的日常生活中。例如在发生灾难的地方支援抢险救灾、在久贫多困的地方扶贫脱困等志愿服务；在医院、车站、公园、马路等公共场所提供服务的志愿服务；在儿童福利院、残障学校、独孤空巢家庭、临终关爱所等处提供陪伴安抚、敬老助残等精神与生活上的志愿服务。

（3）钟灵毓秀的杭州市，不仅山水美好，而且处处为他人着想的个人和群体也在不断地涌现。杭州有上千万人注册志愿者，有几万支志愿者组织。例如，有走遍全国近百个市县，已为超过几万名唇腭裂、头面缺陷的儿童提供了免费手术和相关治疗的"微笑行动"志愿者医疗总队；为全省农村妇女提供乳腺癌与宫颈癌的免费筛查的浙江省妇女儿童基金会等。每一位为他人奉献爱心、承担社会义务的志愿者都会被人们敬仰和感谢。

"公民爱心日"是志愿者的节日,是对城市共同体在广泛意义上的一种向真向善的引导。以开展"公民爱心日"活动的形式倡导公民积极投身公益事业,营造关爱他人、守望相助的美好环境,凝聚社会爱心。

杭州市确定每年五月的最后一个星期六为"公民爱心日"已有十余年。这一天,全市大大小小的志愿者组织和各行各业的志愿者都会集中在一起,向社会展示自己的公益服务与才能,交流公益经验和关爱他人的感悟,将爱心与这座城市的生活融合得更紧密。

志愿者群体在不断壮大,人人公益慈善的理念也越来越深入人心,正在成为许多人生活的一部分,还将作为一项永续的事业。于是志愿者为他人着想的行为必将会深远地影响社会,引领社会风尚,引导人们崇德向善,弘扬传统美德,使社会朝着更美好的方向发展。

对志愿者参与志愿活动,应该受到充分的人格尊严的尊重,应该获得认同感、幸福感和归属感。

（4）在流行性疫情事件中,曾涌现大量为他人为社会着想又不求回报的好人。

人们面对疫情没有时间犹豫、没有心存侥幸,都在为他人着想,约束自己的行为,对全社会负责。人人都是志愿者,自觉尽责,勠力同心。

（5）志愿者又称为**义务工作者、义务服务者,不计报酬,不求名利,无偿为他人为社会作贡献。**

我的老家在一个城镇居民和农村人员混住的乡村,面积约十平方千米,靠海临江傍山有田地,清澈的河水穿村而过直入大海。

我母亲是城镇户口居民。但在二十世纪五六十年代一直义务担任村负责人,兼任治保主任、妇女主任和村海盐场的财务会计等,二十余年里,没有工资没有编制,她每天都很忙,却很快乐。

村里的工作繁杂,但母亲都管理得有条不紊。那时候没有村办公室,没有电话、广播,村民居住得又很分散,联系村民和发放各种票证,她都得全程步行。她负责村里少数被监外管制者的每日汇报与教育,以及其他治保与民事的强化与预防。在突发事件时,她更是忙得不可开交。遇特大强台风等袭击时,她实地去各家调查与救助。

村里农忙时,她还带头义务帮助农民兄弟下水田插秧与收割,去棉花地采摘棉花,等等。她因劳累过度患上了终身反复发作的丝虫病,腿肿胀得厉害,皮肤粗糙,常常高热难退。

我敬佩母亲自愿为村民为社会义务服务二十余年,无怨无悔还乐在其中。她是一位无私的伟大又可爱的人。

二、无语良师

(1)被社会尊称为"无语良师"的是指自愿在去世后无偿捐献出自己遗体的志愿者,他们把自己的遗体献给医学院师生作教学与科学研究之用。这类人在临终前的痛苦挣扎中仍然考虑着他人,践行着为他人的信念,考虑着人类的医学发展,他们希望医务、科研工作者能通过对人体的解剖研究提高全人类医疗水平,帮助更多的病患。他们的生命已然终结,却仍为鲜活的生命无私奉献;他们的躯体将不再完整,却无私地为成就众多其他患者的完整之躯与健康生命而甘心付出。他们的为他行为贡献的是这世间所有活着的人。

遗体无偿捐献者无疑是好人,是志愿者的为他人着想信念的完美体现和崇高注脚。他们为了人类的健康发展事业,死后还献身,让活着的人肃然起敬,值得全社会的尊重。

(2)人体器官移植是许多终末期器官衰竭患者的最佳治疗方案,但前提是有器官来源。

人体器官和造血干细胞的捐献者是善良的为他者,其考虑他人是为另一位生命的健康与延续做出的伟大壮举。没有器官捐献,也就没有器官移植。

2019年4月,杭州前后有三位因车祸而脑死亡的病人,他们的亲属毅然捐献出逝者的心、肺、肝、肾等器官,让十几位患者重获新生,捐出的眼角膜让多人重见光明。在手术前,所有医护人员向器官捐献者深深鞠躬静静告别,表达对器官捐献者的敬意与感谢。把器官捐献者的爱留在人间,把为他人着想的好人精神留给社会,让大家更好地继承弘扬好人精神,让爱与奉献扩散、传递下去。

一位七十多岁的患者在面对比较复杂的外伤性白内障手

术时,最大的担忧和顾虑是这台手术会不会影响自己捐赠眼角膜。带着对手术的疑惑,他拿着多年前省防盲指导中心给他的眼角膜捐赠荣誉证书,向主治医师询问道:"我做了眼睛手术后会不会影响以后捐赠眼角膜? 会不会对受益者有影响?""希望你们医生能保证手术后我的眼角膜还能捐赠。"

老先生首要的诉求是自己的眼睛手术不影响捐赠的眼角膜质量,希望自己的眼角膜不会影响他人重见光明。老先生以他人为先的行为,感动了在场的医务工作者。让人欣喜的是,医者高超的手术治疗与细心呵护最终守护了老者的心愿,让他的眼角膜保持在可捐献状态。患者和医者都是为他信念的践行者,是好人。

人体器官捐献者的的确确是令人尊敬的志愿者。

(3)进行人体器官捐献的协调员,其工作是一项十分有意义的为他人着想而又艰难的工作,是在人体器官捐献者及其亲属和受捐赠者之间进行协调的工作。协调员帮助捐献者及其亲属实现捐献亡者有用器官为他人所用的崇高意愿,协调确定受捐器官的被移植者。协调员还给捐献者家属一定的帮助与安抚,定期去慰问。可见,人体器官捐献协调员的工作既充满挑战又充满温情,他们见证着一次次生命的接力与奇迹。

总之,人体器官捐献者、医护者与协调者都是为他的人。

三、见义勇为者

见义勇为者有着极大的勇气,舍己忘我而为他的崇高精神。有时候他们会付出很高的代价,甚至牺牲自己的利益与生命。见义勇为者是令全社会敬仰的好人。

来自江苏宿迁的陈先生自2003年9月之后的十年间在南京长江大桥上已救下许多欲跳江的轻生者。陈先生还在南京新华六村自租了一套房子,称之为"心灵驿站",专供他救下的轻生者暂时居住。他特意在墙上贴上"血在你内心流,咬着牙吧!再撑一撑,明天必会美好!"的标语。患上重度高血压的陈先生耐心倾听欲轻生者的倾诉,并以自己的坎坷人生经历与自学习的心理学知识细心开导他们,使原本抱定必死的跳江者纾解郁结,豁然醒悟,并在陈先生的"心灵驿站"获得重启生活的动力与希望。

善良的陈先生懂得跳江者欲轻生时是多么需要有人能拉扯一把。尽管陈先生自己难以承受送医、租房、管吃住、帮返乡等巨大的经济支出,但是陈先生的"血在你内心流"足以表达了他对欲轻生者行为的理解;陈先生的专注倾听表示了他对欲轻生者的尊重;他的"心灵驿站"给予欲轻生者生活上的温暖与心理上的关爱。他长期考虑着欲轻生者,守护着他们生命,实践着好人的核心价值。他是真正的好人。

其实,很多欲轻生者也是非常善良的。当他们身处困境,没有感受到被关爱，没有被人们在乎时，并不是去怨恨社会、去怨恨某个人。为了不给社会或别人添麻烦、增负担，他们采用不可取方式来寻求解脱。可见，有些轻生者在轻生时考虑的还是他人。

第二讲
好人之乐

好人在为他人着想时,具有许多不确定的两面性:为他人着想,可以让对方有收益并快乐着,但如果为其着想不当则可能会让对方尴尬或受伤;为他人着想,因为被对方接受了而感到快乐,但如果对方拒绝被关爱则会使自己尴尬或受伤;为他人着想,会受到人们的肯定与褒奖,但也可能被对方不屑一顾,甚至会被人误解;为他人着想,可以很容易,也可能很艰难,甚至有风险。

第一节　好人之乐

好人的为他人着想的快乐之一是让对方获得了快乐与尊严,之二是因为对方的快乐而让好人自己也快乐。

一、收　益

收益可以分为精神型收益和物质型收益。这里还是侧重于精神型收益。

为他人做某件事值不值得，对他人的言行该不该如此，可以从以下两个方面去分析评估：一是它将带给他人在精神上的**收益值**大小；二是该收益值衰减的持续时间的长短，称之为**收益半衰期**。

这里所说的"收益值"主要是指所发生的事件在精神层面的收益，诸如认知、情感、习惯、心理等方面，对他人的帮助与影响的大小，以及快乐与舒服的程度。这里所定义的"收益半衰期"主要是指所发生的事件在精神层面上对他人的收益影响能持续的时间长短。一般而言，收益半衰期长的事件其收益影响的时间会较长较久，有时甚至能达到几十年几百年。例如，专注倾听一位贤者的谈话后反躬自身而领悟到人生的哲理，或让自己迷惘的思维豁然开朗，从而掌握一种全新的思维方法，陪伴自己一生。收益半衰期短的事件的影响可能瞬间即逝。例如，玩一整天游戏，或吃一顿大餐，或参与挑起一次网络掐架，漫无目的地在网上闲逛。

在做一件事时，许多人会突出强调自己的收益值，热衷于做的是"高收益而短半衰期"事情，还有就是做"低收益又短半衰期"事情，而对长半衰期事件兴趣不大，或做得很不情愿。

这肯定是不妥当的、是不正常的。

只要对他人有利、方便的事必定会有收益的,不管其收益值高低,好人都会认真去做。即使对他人而言收益值不高,对自己来说没有收益值,甚至是负收益,而好人认为收益值是可以积累与叠加的。对他人会产生长半衰期效应的,都会获得高效益的,从而自己也会有愉悦的收益。这种收益可扩散到整个社会,传递给更多人。这就是好人的魅力所在。

公益慈善活动是一项长半衰期、高收益值的事。

祈望大家愿意做让更多人有收益值的事,去观察、去倾听、去反思、去阅人,对他人对自己都将有颇丰的收益值。

二、快乐的因果链

每个人的快乐有不同的标准,又有自己追求快乐的路径。

(1)每个人都希望自己快乐,其中**有一种快乐是由别人赠予的**,并不是自我封闭寻找能得到的,不是自我调节、努力或忍耐就能获得的。

有人考虑你、关爱你,这种快乐就是别人赠予你的快乐。例如,子女享受到的父爱与母爱的快乐便是父亲和母亲赠予的。

一个人的快乐来自被尊重被平等对待与不被欺凌,这就需要别人给予。

好人正是给予他人快乐的人,因为好人总会为他人着想,使他人快乐,让他人手有玫瑰。子女应该做这样的好人,耄耋之年的老人能经常得到子女的问候、陪伴、帮扶……便是子女所给予的快乐。

好人为他人着想是快乐的,有两方面的体现:一方面是被好人考虑到的一方的快乐;另一方面是因为对方的快乐导致好人自己的快乐。这两种快乐都是别人给予的。

被好人考虑到的一方快乐正是好人的初衷。好人的为他人着想是无私的,是无所求的。好人的慈心良言善行的真正目的是希望他人快乐,希望他人精神快乐、生活快乐,希望他人有一种满足感的快乐。好人为他人着想,是不会求取任何回馈的,绝不是为了求得自己的快乐与利益,更不会预设自己能获得快乐与收益的多少或有无。否则,就颠覆了好人的核心内涵。

(2)有人云:"赠人玫瑰,我手有余香。""帮助他人,快乐自己。"这些提法也许是不妥当的不确切的,可以说起码是一种逻辑与因果的错误。

显然,赠人玫瑰蕴涵着为对方着想、对对方的祝福或感谢,使其快乐的意思,并希望对方能接受又喜欢且珍惜。

一方面,真正赠人玫瑰者是不求被报答的,是不应该求我手有余香的,当然也不希望自己受到无妄之灾。

把"赠人玫瑰"和"我手有余香"放在一句话里的提法,很容易产生为了自己手有余香才去赠人玫瑰的嫌疑,容易被旁人误解为欲追求被报答的主观意愿。事实上,我手有余香并不是赠人玫瑰的必要条件,赠人玫瑰也不是我手有余香的充分条件。换言之,赠人玫瑰不一定会产生我手有余香,我手没有余香并不表示我没有赠人玫瑰。

帮助他人和快乐自己之间的关系亦然。

另一方面,造成这种口号错误的另一个原因是可能会发生因果逻辑链中断。例如对方拒绝接受玫瑰,则赠人玫瑰者当然不会手有余香。

由此可知,提炼生活中各种结论也应该遵从自然科学的基本规律,不能让无知和不该出现的哲理错误充斥在精神文化中。

(3) 必须强调的一点是:只有对方接受了被考虑、被关爱,并收获了快乐,则考虑他人的好人自己才会获得精神上的、发自心底的真正快乐。或者说,好人的精神上快乐的缘由完全是被你关爱与帮扶的人快乐。这个因果关系十分清晰,这个**快乐的因果链**可表示为:

为对方着想——→使对方快乐——→好人自己快乐

这个快乐因果链不可颠倒,更不能间断,尤其不能缺失使对方快乐这一环节。

如今有不少人拒绝接受你赠予的玫瑰或施予的帮助,拒绝被人着想,又否定被关爱,甚至还会反讥反诬赠送玫瑰的人或施助者,故双方都不可能有快乐。这时,快乐的因果链会发生间断,会造成多情反被无情伤的结果。帮助他人的施助者和赠人玫瑰的赠送者有时会陷入尴尬的境地。

赠人玫瑰,只有对方接受了玫瑰并快乐着,赠送者才会手留余香。

同理,帮助他人,只有对方接受了帮助并感到快乐,施助者才会真正快乐。这样的认识才是正确又严谨的,否则就是缺失数理逻辑思维的无知。

考虑他人,给他人方便与帮扶,只有他人获得了快乐与收益,才能使自己感到愉悦,甚至还有一点成就感,才能感受到自己存在的价值。这样的人也会给自己创造更多的机会、获得更多的友谊和朋友。通过再学习、再反思、再感悟,深入理解人生哲理、好人的核心内涵,人们的心灵就能得以深层净化。

"这个世上不管有什么样的喜悦,完全来自希望他人快乐。"这是对给别人带去快乐的好人的诠释。

三、生死亲历

我一生践行着为他人着想的信念,是快乐的,是美好的,是有价值的,也是艰难的。

笔者年轻时曾在一家军工企业工作。该企业在生产过程中积存了大批经检验不合格的易爆产品,这些不合格产品的性能极不稳定,可能会随时发生爆炸。那一年,领导安排我带队负责销毁这些不合格产品,我毫不犹豫地接受任务。众所周知,这项工作是非常危险的,一起参与销毁工作的其他同事都很胆怯,因为销毁不合格爆炸品实在比使用合格爆炸品的危险性更大,随时可能牺牲或严重伤残;而且当时既没有执行任务的合同与承诺,又没有保险,更没有防护装备。当时,我上有老父老母下有娇妻爱儿,我没有遗言,也没有任何要求,毅然率队进入销毁现场。

因为量太大,销毁工作需分成几十次进行。每次销毁都极其危险,甚至连搬动不合格易爆品都如履薄冰。最让人担心的也最为危险的是引爆失败、销毁不成(俗称哑炮),这时必须有人去引爆中心排除引爆失败的原因,再重新引爆销毁。谁进入中心去排除引爆失败?我总是坚定地说:"我!我上!你们全部退入掩体。"

已成为我习惯性理念的是**保护其他同事,保护他人安全,保护他人生命与健康**。我毅然决然几十次爬行进出引爆失败中心。多次是在进入销毁程序后半个多小时才引爆了待毁产品,这是因为我亲身从鬼门关处匍匐爬行来回了五六次才解决了哑炮问题。

这些**生死瞬间转换的经历**,让当年的同事都惊叹、敬佩,几十年后仍心存感谢,其实我内心也挺欣慰的,还有点值得回味的成就感。同时,也**使我引以为豪与心情舒畅**。

或许正是由于我为他人着想、尊重他人生命的好人之心护佑了我的平安与健康,同时快乐在我心中久久。

四、志愿理发

恩师郭先生八十岁那年，行走已十分不便。他跨步甚小，动作缓慢费劲。看他如此痛苦，我着急又无奈。当时，我也已年过六十，如何帮助他呢？

我发现老师的头发很长很长了，时不时抓抓头皮，于是，我对老师说："我给您理发吧。您到理发店去理发太不方便了，以后每个月我都到您家里给您剃头吧。"老师看了看我，并未言语，不知他是不放心我副业的理发水平，还是不好意思给我添麻烦，或是其他原因。但我还是马上取了理发工具再去老师家。他乖乖地让我给他理发，事毕他很满意，高兴得像个小孩。为了兑现这一承诺，每个月我都上门为耄耋之年的老师理发，直至他去世，坚持了整整十年。每次理发间，我还同时给老师讲点逸闻趣事，以表精神关爱与慰藉。每次理完发，老师都很兴奋很快乐，会不停对我说"谢谢"。

十年间，每次给老师理发回来，我都很兴奋、愉快，深深感到帮助他人的喜悦是那么的真，总有点成就感与骄傲之处。因为帮人一件事坚持十年是不容易的，这是多么难得、可贵的愉悦。

上述两例仅仅是我人生中为他人着想的代表性事件，值得回味，真正地快乐了一辈子，心里美滋滋的。

做一位好人真的会感到内心的真正平静和真正愉悦。

第二节　好人之易

人世间需要好人，做个好人也容易。

一、谨言慎行

社会不会要求每个人都成为感动社会的道德模范，也不会强迫人人都只考虑别人而不考虑自己。人们只是希望你我他在言行上能为别人考虑一点点，就那么一点点，就这么简单、这么容易。例如，不幸患上某种传染病的人，首先想到的是如何不要传染给其他人，这就是在为他人着想。

为他人着想在平凡处，在细节与习惯里，在一言一行中。

一人之心在于行，一人之善在于言。不做过分的事，不说过分的话。

每个人对每件似乎是小事的事都应举轻若重地认真对待，对出口的似乎是随意的话应是良善之言，对流露的似乎是平常的表情应是友善的。

要谨于言慎于行，因为言谨则能崇其德，行慎则能坚其志；只要心中行中还有别人，懂得每个生命在这世间都需要被温良以待；只要在某个细节上，在某个瞬间的某个行为或某一言语上考虑到他人。举手投足间,好人就在这一瞬间产生。好人,或许是你是我是他,或许是天天遇见的同事、朋友、邻居,或许是相遇而不相识的陌生人,就这么容易。

哀其傲慢,怒其冷峭。

只要你有为他人着想且不求被报答的思想,只要你善于观察感悟他人的感受又会反思,能做到谨言慎行,这其实是很容易的。

如下诸多小善具有的为他性和容易性是显而易见的。

(1)**"凡出言,信为先。"**对他人的承诺必须遵守,和他人的**约定必须兑现。**如果自己没有能力做到的事,就不能随便应承,因为轻诺则寡信。最常见的小事如遵守约定的时间。又如,捐赠人在公共场合公开承诺向慈善组织捐款赠物,则必须及时足额捐赠兑现承诺,否则就会丧失信用,还将受到法律的惩罚。

(2)**"过,人皆有之;更,人皆仰之。"**若发现因某种客观原因导致无心之过,应及时告知对方,同时向对方说声"对不起"或"抱歉"等。这些都是可以做到的,万万不可不吱声,更不要掩饰遮盖。这是对对方的尊重。

(3)当某个人陷入孤独、烦恼、落魄、困惑与痛苦时,陪在他身旁,做个友好的静听者,这就是表达关爱的最好方式。简单吧?!例如,绝大多数老人有一种乞哀告怜又胆战心惊的心理,祈求与期盼子女常回家看看,陪他们多说说话。例如,一周一个电话,生活在同一城市的一个月回家一次。

（4）说话**懂得轻重尊卑**。和老者、师者、亲者、贤者相处，遵循尊、恭、谦与温和、耐心的原则。**专注静听对方把话讲完，不插话打断对方，不讽刺、揶揄、顶撞、讨伐对方**。认定对方都是自己值得尊敬与重视的人，不可轻蔑与鄙视。

（5）接打电话是一种不见面的交流。在电话里是能感受到对方的心理活动的，自己的态度也能通过电话传给另一方。所以我们都应该尊重对方，心平气和专注地接打电话。例如，打电话以"你好"开始，主动报上自己的姓名，并询问"现在同你通话方便吗"；在通话中要及时应答，尽量少说"嗯""啊""哦"等没有明确意义的词语，而用"明白""好的""对"等词语明确应答；如果突然断线，则应立即回电；应让位尊者或呼叫者先挂电话，要耐心等待轻轻挂机；写邮件发短信的内容应为本人自己写的，且有称呼和署名。

（6）和人握手，应用适当的力度握着对方的手，并且与对方有眼神交流。

（7）看到别人的迟疑、迷惑的神态时，主动上前询问是否需要帮助，如需要应给予力所能及的帮助。

（8）指路或做引导手势时，要用右手，五指并拢掌心向上，不可以只伸一根手指去指。鼓掌时右掌心向下拍击掌心向上的左掌。

（9）养成良好的习惯，遵守公共秩序与公德，爱护公物，不随地吐痰，不乱丢垃圾，不大声喧哗。进出公共场所时，扶住门以免该门碰撞到紧接的后者，或让后者先行。若前者为你扶住门时,你应说声"谢谢",并扶住门确保后者安全。在夜深人静的居民区里,在安静的图书馆与教学楼内,放轻脚步,尤其是女士要放轻高跟鞋声。

(10)玩手机必须注意时机、场合及周围的人员。视线总是不离开冷冰冰的手机旁若无人的人,不仅自己会与家人、朋友变得疏离,也看不到这个世界更美好的真实,而且会变得孤独、麻木,变得悒悒不快、焦虑烦躁。

(11)来访的客人离开时,起身送至门口后,切忌马上很重地关上门,应目送客人远离后轻轻关门。否则,重重的关门声会让客人误解为他不受欢迎。

(12)在客机上准备调整自己座椅靠背时,回头向后座乘客打个招呼,以免妨碍他人。

(13)有关信息及时坦诚告知给相关人员,耐心而充分地解释与说明,不要遮掩。如自己的电话、地址等的信息变更。

(14)怨恨、愤怒与坏脾气等不随便向他人发泄,更不能威胁他人的生命。如机动车司机、宠物主人的规范行为都是容易的。

(15)收到别人馈赠的礼物,或当面收到快递物件,应及时礼貌地回复"收到",说声"谢谢"是基本的礼数。

(16)不可以貌取人,不可以其衣着外表看人;不能嘲讽取笑他人,不能颐指气使说教训斥他人。

　　············

二、知书达礼

中华民族传统的礼，是全社会共同遵守的一种行为准则，是人们发自内心遵循的一种行为，具有社会的共识性。

礼，遵循的是由尊重与敬畏生成的人与人、人与自然的和谐。

礼，其核心是和，是为他人着想。礼，就在你我他的生活细节与习惯之中，以及自己考虑他人的感受与收益之中。礼，是在和的观念上对个体产生行为上的约束。

礼仪形象是一种无声的语言，它包括仪态、仪容与礼节。

礼仪的本质是对他人的尊重，形象的本质在于给他人美的享受。以社会共识与自然美标准的礼仪形象是为他，也是展示自己内在的道德修养与文化素养，又是一个人的内涵充分体现。知书达礼者已把礼融入自己的行为习惯中，而习惯是一种不容易改变的个体的自然行为，故做个好人很容易。

好人具有良好的礼仪形象，它是好人的外在美与内在美的集中体现。

优质的礼仪与优雅的形象存在于日常生活的细节中，它不仅体现在个人独处时，更是时时处处体现在与人交往互动的一言一行中，举手投足间。**良好的礼仪形象一旦成为习惯就是自己的财富**，能让大家感受到你的心中行中必有对他人的真诚与友善，必会受到赞美与尊敬。

仪态中的站、坐、蹲、行以及迎、送、递、接等肢体行为的规范与端庄文雅必受大家欣赏。此外,仪态中的目光、微笑与手势也很重要。例如,在与人交流说话时要露出自然的微笑,目光应专注平视着对方;如果需要介绍另一位在场者时,微笑着用整个伸展开来的手掌指向那位,却不是一根手指指着人家;如果和比自己矮的人,或与听力欠佳者对话时,微笑着俯下身或蹲下身靠近对方等姿态都是得体的仪态。

面部清洁、头发整齐、口腔清新、指甲干净等仪容,穿着得体端庄、大方干净、搭配恰当等仪表,也必会获得欣赏与赞美。

另外,肯宽容、会道歉也是一种礼仪。例如,和别人交流相处时多说"你好""谢谢""抱歉""对不起""不好意思",应对观点相左,或自己没有获得什么,或自己没有多大不当的情况时是非常适合的。有这种高尚礼仪的人必会获得大家尊重与赞美。

三、微 笑

微笑是一种基本礼仪,也是人的一张金名片。微笑是对他人的尊重与友善的外在显露,微笑也是自己内在的真诚、善良、亲和、淳朴、乐观与自信的表现。

一人之神在于脸,一脸之神在于眼。

真正的微笑是发自内心的嘴笑眼笑脸笑心笑,面部肌肉都处于微笑状态。笑眯眯的眼与人对视,笑眯眯的嘴与人交流，双方都能轻松愉悦。

　　一个微笑、一双善目、一张慈脸给予他人，是反映自己心慈行善的心灵语言；是对生活、生命的热爱与乐观的表现，又是为对方着想的真诚表露；是人与人之间心领神会的互动感应，融洽相处。相反，待人表现总是不屑一顾、颐指气使的，反而会遭到轻蔑与唾弃。

　　甜美的微笑是一个人最美好的名片，故爱微笑的人必定受大家欢迎。

　　微笑会给对方力量与希望，让对方充满快乐。这表明微笑是可以传递的，这也是微笑的价值所在。

　　微笑是世界的共同语言，不同国籍的人都明白微笑的善意。

　　只要有一颗真诚为他人着想的好人之心，微笑待人是很容易的。

　　微笑，对他人对自己比什么都重要，别忘了笑一笑，对己笑、对他笑。

第三节　好人之美

　　为他人着想又不求被报答是一种美，好人的真诚之美值得一赞。

一、美

美,无所不在。美在自然、平凡、和谐与奇特。

美,可以分为外在美、内在美与奇异美。

外在美是一种表现在外部的形态美。例如,自然界的客观美,奇山异水、奇松怪石、奇亭破屋、古柳枯藤、残桥草棚……都是自然美,一个人真实的素颜也是一种自然美。

奇异美是科学研究中极富创造性的一种思维。奇异性包括独特、新颖、不寻常、出乎意料、令人震惊等含义。奇异性往往会引起人们思想上的震动、惊愕、赞叹,常常是产生新思想、新观点、新方法、新理论的起点。奇异性结果的获得往往标志着认识的飞跃,新理论、新学科的建立。

科学认定人体美的一个标准是黄金分割比率,但现在许多人认为修长的腿是人体美的标准,这是否是对奇异美的一种误解或滥用,值得商榷。

内在美是一种神秘美。人的内在美是人的心灵美,为他人着想又不求被报答就是好人的一种内在美、心灵美。这种美体现在:

美在考虑他人,美在不求被报答。

美在善良,美在奉献。

美在真情,美在责任。

二、凡人之美

为他人着想又不求被报答的好人之美,往往美在其平凡处、细节中、瞬时间,美在其一言一行的习惯中能考虑到别人的感受与需求。美在能因善小而为之,能因简易也为之。

(1)**凡人之美美在平凡,**平凡的思想、平凡的行为、平凡的人物都会创造为他的平凡之美。

一位河南妇女家境贫困,却收养了一男一女两位病残弃婴,并把他们视为己出,给他们好吃好穿,并为他们治愈了疾病,让他们像正常的孩子一样接受教育,直至成人。

当那位养母患上癌症无力医治时,为了让自己抚养了二十多年的养女养子以后能有一个较好的归宿,养母多次交代养女养子尽快去寻找各自的亲生父母。她是为养女养子着想的好人,亦是伟大的母爱。

养女养子多次拒绝寻找,坚定地表示养母就是自己的母亲,感情深厚,不会离开,一定会尽到儿女的义务与责任。这是养女养子对养母的肯定与真情,是为养母着想。后来养女养子不得已尝试去寻找,也仅仅是对养母心愿的一种慰藉。

多么善良的两代人啊！他们都是在为对方着想的好人。这种心灵美美在平凡,真是让人感动而敬佩。

在平凡的家庭中,每个人的言谈举止若都为其他成员多考虑考虑,那么这个家庭必是个好人聚集处,必是和谐美满的幸福之家,羡慕!

(2)美在平凡,或许是平凡的人在突发事件中的不平凡举动。

在危急时刻考虑着他人生命安全的人绝对是好人。这样的好人有着一颗处处为他人着想的心,还有着日积月累养成的良好习惯,更有着精湛的专业技术与完美的职业责任感,因此,他才能在关键时刻凭着本能的反应做出为他人着想的举动。

2012年5月29日,杭州长途客运司机吴斌驾车行驶在高速公路上时,突然被高速迎面飞奔而来的重物砸中,导致肝脏破裂、多根肋骨折断。但吴斌强忍剧痛以惊人毅力握住方向盘,靠边平稳停车,拉上手刹打开双跳灯,艰难转身通知全车乘客安全下车后即昏迷过去。

在这76秒内,吴斌的一系列操作完美诠释了他最后的考虑——保全乘客的安全,即他人的生命。平凡而伟大!

吴斌出殡当天,天空阴沉不时飘着雨,杭州却给了他不凡的尊敬。出殡的一路,由警车开道,特地绕西湖一圈。灵车车队一路绿灯通过,交警站在马路上表情严肃立正敬礼,几万市民在马路两边目送好人吴斌。这是杭州市迄今唯一一次给予普通职工如此高的礼遇。

他们都是我们身边外表平常、职业普通、生活平凡的寻常人,却在意外遭遇的突发瞬间仍然一心为别人着想,而把自己置之度外,他们这种把生机与平安留给他人的精神令人敬仰,令人赞美。在浮躁、功利、自我、任性的环境里让我们看到了人性之美，也让我们深感欣慰。

三、医者之美

迎着严峻的疫情逆流而上，不计报酬、不计生死、不惧被传染的白衣医者奋战在临床一线，同行的逆行者战斗在抗击疫情的前线，他们是为他人、为社会的真正好人，是让大家自觉致敬的心灵美者，是亮丽的玫瑰，是才德盖世的国士。

（1）医学伦理学家伊齐基尔·伊曼纽尔夫妇指出，医生和病人的关系有三种：传统的"家长型"关系，要求患者一切听从医者；"零售型"关系，医者认为患者只是一位消费者，治疗方案任由患者选择与裁决；"共同决策型"关系。

在"共同决策型"的医患关系中，医生会耐心倾听患者的诉求，然后用医学方面的专业知识详细解释，并与患者进行信息交流、共同讨论决策。在这种关系中，**医生是病人的医师，又是咨询师、心理师，还是病人的倾听者和陪伴者**。这正是医者之美。

2006 年，美国资深外科医生、《最好的告别》一书的作者阿图·葛文德的父亲被检查出患有肿瘤，他毅然决然选择了"共同决策型"医生。因为"共同决策型"医生才是病人最需要的，选择尊重患者、平等相待、让人信赖的共同决策型医生是每位患者的心声。

（2）在医患关系较为难处的当今，还是有许多医师对病人关爱的仁心与为患者着想的仁术,被社会认同与肯定,让患者感动不已,赞美不绝,这真是一件幸事。但是对每一位好人医者的奉献,患者绝不能当作是理所当然的。

某医院的贠医师医术精湛、态度和蔼、耐心细致早已有口皆碑。因为时刻牵挂着自己的每一位病人,贠医师还会主动给病人留下自己的手机号码,并在病历上写下"有情况随时电话联系",以方便病人咨询需求。大家在惊讶之余,更多的是感激与感动。显然,给人留下手机号码会给自己带来不少的麻烦与负担。然而,贠医师总是说:"病人总是有需要才会打电话的,这也是病人对自己的信任。"

有几位高资历医师争取条件努力安排"话疗"的诊治,让广大患者感到亲切而愉悦。"话疗"就是陪伴病人聊天,让病人把他自己的病痛、焦虑、担忧、紧张等倾诉出来,医生专注倾听,耐心解读病情,分析各种治疗方案的利弊,在轻松的对话环境中建立共同决策的医患关系。对有听力障碍的病人采用写字笔谈的方式,对经济确实困难的病人给以适当帮助。他们的医者行为准则,如**"沟通、倾听和药物、手术同等重要""话疗中建立起来的信任比什么都重要"**等,都能让患者忘记自己是一位病人,从而心情轻松促进康复。医患两者间的"话疗"能让患者感动,让医者更享受做医生的价值与成就。这是一种安慰心灵、抚平创伤的人文关怀式的医疗服务。

很多癌症患者在北京、上海等地大医院治疗无效后,会选择回到家乡的医院度过人生的最后一程。有一所二甲地方医院的肿瘤内科,主要就是收留这类晚期癌症患者。在这里工作的林医师践行着自己的医疗理念:"让患者更有尊严地离开,让生者有更好更有意义的生活质量。"林医师每天查房时都会握着病人的手,耐心询问、倾听患者的情绪、胃口、睡眠、病痛等。每一位癌症患者去世,林医师都会尽可能地去参加葬礼,给患者家属也给自己一个安慰。林医师说:"不知为什么,我总是很想看看我的病人生前生活过的地方。"患者及其家属对林医师的关心与善意都充满感恩。这是一种精神医疗的延续服务。

医者之美,美在他在肉体上和精神上多为患者着想。

四、暖人之美

暖男,是当今社会的一个热门词。暖男,是女人首先提出的对男人的一种要求。

会暖他人的人简称为**暖人**(暖男、暖女)。温暖他人的过程是暖人的行为动作。暖人与暖人行为的关键是暖,也就是暖他人。这主要是情感上的暖,精神上的暖。

(1)显然,暖人会暖他人;会暖他人的人是暖人。

暖的本质是能为他人着想又不求被报答,让对方感到暖心。暖人会约束自己的言行,会感受对方的感受。暖人会谨言慎行、会容忍有耐心、能理解会帮扶等,故会暖他人的暖人是好人,暖人有着内在美的美。

(2)暖他人和被他人暖有这样的关系:**自己不会暖他人的**

51

人很难被他人暖。也就是说，自己会暖他人是被他人暖的必要条件。故你要想获得被他人暖就应该懂得暖他人。

有的女人期望的暖男，不仅要求男人刚毅、帅酷、富有，还要求男人能持续容忍女人的任性、冷漠、蛮横、懒散等。这种要求太自私，有点无理取闹。

女人需要暖男陪伴，事实上男人同样需要暖女相伴。如果自己不会暖对方，则自己也不可能持续被对方暖。所以当你欲求得暖男（暖女）时，要先反躬自问自己是不是暖女（暖男），再审视自己有没有能力让对方给你需要的暖，即求暖男（暖女）前自己要先做个暖女（暖男），不是暖女（暖男）的人是很难求得暖男（暖女）的。但是暖男（暖女）不一定能得到被暖女人（男人）的暖。所以欲被他人暖，需要双方共同不断的努力。

会暖他人的暖人往往会把对方看得比自己更重要。

暖男应该有自己的事业与工作，有自己的时间、空间与自由，否则根本不可能持续做一位真暖男，甚至还得提防他暖的目的。暖女亦是如此。

社会需要暖人，暖人之美美在暖他。

（3）三十多年前，一女婴出生二十多天即被一杜姓家人遗弃。多年后，亲生父亲在多种媒体上发布消息寻找该女孩。一位叫靳暖的女孩发现自己和留在杜家的大女儿长得很像，又和遗弃的小女儿同年出生，决定冒充杜家小女儿赴杜家认亲尽孝。已罹患癌症卧床很久的杜妈妈在第一次见到"小女儿"靳暖时,说:"女儿,我想你都快想疯了。对不起,请原谅爹妈的罪过!"哽咽着说完这些话便已是泪流满面。

此后六年间,靳暖经常"回家"陪伴"父母",和他们一起聊天,听"妈妈"的絮叨,帮"妈妈"洗头洗脚,给"爸妈"买彩电、衣服鞋子等。病危的"妈妈"享受着失而复得"女儿"的温情,时不时还会在这位女儿面前撒撒娇,心情舒畅病情也稳定了。直到2012年,靳暖和她丈夫以孝女孝婿身份为"妈妈"送终。后来,靳暖对杜爸爸仍是关心备至。

靳暖说:"我很享受这种母女的温情,以及这家的质朴与善良,这是缘分。""我没有任何个人的企求,只是想陪陪这位心理创伤很深的老人,也为她那位亲生的小女儿考虑,让她以后少些内疚。"多好的暖女靳暖!六年的坚持,暖的是他人,考虑的是陌生老人及老人的亲生小女儿,暖在平凡却又不平凡。

五、家训之美

家训,是指导后代立身处世、持家治业的教诲,是祖先对后人的告诫,对后代的期望。家训,是中华传统文化的重要部分,对个体、家庭乃至整个社会都有良好的作用。例如:

敬祖宗,孝父母;睦家族,和邻里;慎交友,择婚姻;扶节操,恤孤弱。

做人诚信,做事诚实,待人诚恳,忠厚传家。

日食三餐当思农夫之苦,身穿一缕每念织女之劳。

勿以善小而不为，勿以恶小而为之。

子孙虽愚，诗书须读。

尚和睦，尚勤俭，尚良知。

多为他人想，他我皆快乐。

从小好习惯，受益一辈子。

万恶淫为首，百善孝为先。

人穷不失志，人富不忘本。

滴水之恩，涌泉相报。

家训，延拓至一个学校就是学校的校训，如清华大学的校训为"自强不息　厚德载物"；浙江大学的校训为"求是　创新"，其中"求是"是一种不计利害只问是非的精神。"求是"系治学之本，"创新"乃科学之源。

家训，一般没有华丽辞藻，没有深不可测的奥妙，但是家训之美在于其核心是修身齐家，每个人为他人、为邻里、为社会着想且不求任何被报答。

良好家训的精神存在于家庭的日常生活中，及个体与他人关系的点点滴滴中，其能滋养世代，后辈们在耳濡目染潜移默化受着影响。这体现在一代又一代的个体的一言一行中。所以，传承、培养、弘扬良好的家训对后代的影响是深远的。

良好的家训会约束家族中每个人的价值取向与行为习惯，敬畏家训则会形成良好的家风。能控制自己的愤怒暴躁情绪与坏脾气的人，其家训家教一般都很不错，其父母也不错。

　　优秀的祖先留给后代的有优秀的家族基因,留给后人更多的是优秀家训,即宝贵的精神财富。如果每个人把良好的家训变成自己行为的规范,那么遵循该优秀家训的人会影响更多的他人,这都是缘于它的优秀内涵。这就是家训之美。

　　家训之美,美在其能熏陶出一批为他人着想的好人。

第三讲
好人之难

　　不管是精神型还是物质型，习惯性型还是偶尔性型，做一个心中行中处处为他人的好人是容易的，是简单的，是快乐的，也是幸福的。但是因为好人往往很"孱弱"，因此做一位好人其实也很难，又很累，尤其是做一位精神型好人，更难更累，甚至有时候厄运还会发生在好人身上，带给好人许多致命的痛苦与困难。

第一节　好人之难

　　做位好人的难度往往是多元的又是多层次的。好人之难不仅难在容易被恶意诋毁被诬陷抹黑，而且还在于缺失法律和舆论的有效及时的保护。

一、约　束

做位好人的难度首要的在自身。好人为他人着想需要自我约束、克己守礼，要把握好自己的言语、行为和神情。好人约束自己就得不断丰富自己，提高自己的修养。此外，还得增强承受磨难、承担无故压力的能力。这样，好人为了约束自己就得不断努力学习，要善于倾听，更要善于反思，还得时时事事注意方式方法。如此看来，确实不易。

约束自己、改变自己是一件痛苦又艰难的事情。例如，有人从小养成的不良习惯会使他时时事事都只想着自己，只想着自己的方便、利益与痛快，心中行中没有别人。这种人要改变自己是痛苦且困难的，因为他们缺乏做好人的习惯与思想基础。再如，因所受的教育和所处的环境已使他形成一种定型的思维，坚信"如今做人不霸道不行""当今不能做好人""万事应以我为中心"等，因此，他想做好人也步履艰难。

像"愤驾""路怒"司机，若要他们约束自己、改变自己是困难的。因为按他们的思维习惯，他人是不存在的，除了他自己再也没有别人。因为他们对"汽车也是一种杀人利器"无感，他们将行走在斑马线上人群冲散得四处奔逃，在老人前猛按刺耳的汽车喇叭惊吓老人……都兴奋不已。要让这种人转变为能考虑别人的好人，实在太难太难了。

好人必会约束自己。反之，不会约束自己的人必做不了好人。因为会约束自己的人必定有信仰,有精神追求,会不断拓展、延伸自己关心的范围,直抵他人。

二、预　设

好人总是先预设别人都是好人,总是对对方充满信任。好人深信这个社会还是好人多,为了人与人之间的和谐,就应该信任对方,预设他人是好人。于是,**好人不会预设会被欺骗、被诬陷、被误解、被嘲笑……**就很容易遭到身心的伤害。

(1)在考虑他人时都要先思索自己会不会被伤损,真有点悲哀。因为没有火眼金睛,不能分辨出别人会不会讹诈时,好人往往宁可相信对方。这就是好人的特质,也是做好人的难点。

例如,当下诈骗钱财越来越疯狂,手段隐蔽高端,方法五花八门。而那些善良的好人仍然预设这类诈骗者还是好人,故容易轻信,上当受骗。

又如,一位出租车司机将遗失在车上的两万多元钱送还给失主时,失主并未致谢,而是立马当着司机的面将钱连数三遍,还一张一张地对着光照来照去检验钱的真假。或许这一行为对于失主而言是一种习惯性的自然行为,但对捡到钱送还的出租车司机来说却是异常尴尬的,是一种情感的伤害,是一种被误解被羞辱的不信任与不尊重。这是捡钱送还者之前没有预想到的。他预想一定是:失主是信任自己的。

（2）当然，好人在为他人着想时，重要的一点是不可以完全按照自己的想法和主观意志去考虑对方，否则就会与为他人的初衷背道而驰，会引起对方的不悦。但是在为他人着想时，还要先辨识预设自己所考虑的是不是对方所需要的。这一点是不是有点为难考虑他人的好人，况且好人已预设了对方也是能考虑到他人并能正确理解的好人。

好人之难还难在难以琢磨对方的心思。明明是为对方着想的行为，如果有一次不合他的心思，他就要误解，就不顺心。更有甚者，他就会抹杀你对他的千百次好，真是怪谲。做好人真有点难，且太累了。

三、冷　漠

做好人之难的又一点是好人需要承担的风险往往是巨大的，所承受的后果往往也是严重的，有时候还得付出沉重的代价，甚至是生命的代价。此外，还有一种难就是会遭遇到的冷漠。这种冷漠会凉彻心骨，冰封人的温暖、热情。

（1）冷漠者的冷若冰霜：一方面是他们对别人的冷漠，拒绝考虑帮助别人；另一方面是他们对自己被考虑被关爱被帮扶的冷漠拒绝，他们拒绝接受别人对他的关爱，不能理解别人为他考虑，甚至表现出讨厌与反感的沉寂或对抗。

（2）围观者，冷漠者也。一堆人的围观是一种深层次的社会冷漠。现在社会不缺旁观者，围观是不容忽视的现象。有时候围观者的冷嘲热讽比他们的沉默与冷漠更可怕,常常有人在行善的好人背后说风凉话,在非议在贬低,对好人或无故地指责,或冷漠挑刺。此时好人得不到旁观者的支持与鼓励,还要独自承担所有的恶意。如果扛不住,好人便就此倒下。因此好人需要具有一种非凡的宽容精神。

例如,一位普通的好人在抓一小偷时,请求围观群众帮助,一大批围观者却作壁上观,冷漠地"欣赏"着抓小偷的过程,没有一个人上前帮助。这种冷漠的围观多么可怕,多么让好人心痛,这种冷漠亦是多么可恶啊。

慈善伤不起,好人伤不起。慈善,需要拥有为他人着想又不求被报答的好人,我们不可以对慈善有冷漠与反噬。

(3)再如,调查记者们的工作很大程度上是在促进社会的进步,其意义非凡。他们发掘好人,弘扬好人的为他的品质;他们对社会热点问题进行深入调查,对权力正常运行进行严密监督;他们最大程度揭示真相,维护老百姓的知情权;他们推许"为公益谋"的道德品质,坚持自由又负责任的理念。

调查记者是一群人数不多,却具有强大勇气、无畏艰险的为平民百姓、为社会着想的好人,深受人们敬佩与尊重,但是他们很累很难。调查记者的调查往往会受到被调查单位或个人的百般阻挠、刁难与报复,调查的结果往往会被刻意遮蔽,或被搁置。调查记者们的职业风险很高,调查的成本与阻力很大。

好人为他人为社会着想之难,难在这种冷漠让人无奈,万分遗憾。

四、对　立

对立之意是指双方相互排斥、相互斗争。

不管是什么言行,对立者一概持否定的态度,采取斗争的方式,使用对立的语言和排斥的行动。

(1) 为他人着想的好人的再一个难点,是遇到了喜好对立的强势者和擅长内斗者。这些人是无赖者,使好人之心无法表达,好人之爱没法践行。这些人以与人斗其乐无穷的恶趣味"理念",不讲理不懂礼,不管真伪不懂善恶,和别人言斗行斗演绎到极致。这些人拿着言论自由的大棒逢人就打,始终有一大筐歪理,对立顶撞成习性,无理挑衅为常态,语言尖酸刻薄,行为嚣张蛮横。这些人以损伤别人贬低别人为乐,口蜜腹剑不择手段整倒别人,然后再狠狠踏上一脚。这类人似乎天生怀有一种要改造别人、强行支配、占有别人的欲望……

喜好对立、擅长争斗,或许是由对立者的基因与所奉行的丑恶价值观所决定的,绝不是单纯的观念相悖,因此对立会增加做好人的难度。

例如,在战场或在流行性疫情等重大突发公共事件中,为了国家、为了他人奋不顾身逆行而上冲在最前线的英雄们是绝对的好人。我们应该铭记英雄、崇尚英雄、捍卫英雄,绝对不允许有人诋毁、丑化、诬陷、亵渎国家的英雄们。现实中常有对立者习惯以悖逆的言论和行为恶搞英烈，侮辱舍身者，讥讽为他者。这些对立者都是践踏人类良知底线的渣滓，丧尽人性。

（2）好人之难，难在一些对立者的杀人不见血的恶语围攻中，对立者对好人的为他行为不屑一顾、颇有微词、嘲笑贬抑，甚至用常人难以想象的歪理对好人鞭笞讨伐。例如对立者围攻的舆论有：

处处为他人着想的人有一种社会交往的心理障碍；

宽容谦让他人的人是被软弱占据过多；

和别人不争名不争利，又不愿指责别人，避免和别人一切形式冲突的人是无能者；

能承受委屈和冤枉的人是窝囊废。

…………

总之，这些对立者的心里认为，为他人着想的人是软弱无能的窝囊废，是木讷寡言的心理障碍患者，是始终搞不清楚人际关系的人。

好人遇到这些善于对立争斗的人哪能不心惊胆寒又很无奈，在承受对立者诬良为盗的言论围攻中，好人们内心满是阴影，但仍要忍辱负重前行。

（3）当下做多为他人着想的好人的成本太高，但是大部分人在感叹好人难做的同时还是在坚持着做好人。他们不会拒绝好人，不会嘲笑打击好人，还是相信真善美，希望有越来越多的人成为好人。可以要求自己对别人好，但不要期待对方对自己也好，否则只会增添不必要的烦恼。

立志做好人的人，注定会辛辛苦苦一辈子，注定是受难受累受委屈的命，注定得时刻注意自我约束，决不会成为他人的对立者。

如果每个人都做好人了，那么做好人也就不那么难不那么累了，也就不容易被伤害了，而且每个人都知道了对方是在为自己着想，是在关爱自己。这才是和谐美好的社会。

弘扬人与人之间的互助生存，而非对立争斗。

五、重　情

为他人着想是一种深深的情与爱。好人是非常重情义的人，是为他人"多管闲事"的重情人。重情人往往容易受气受伤受难，正如俗话所说"有情易被无情伤"，这是好人的又一个难处。

（1）好人的善意容易被辜负，为他人着想往往容易被讹诈、被冤枉，或承担被误解、被非议、被反讥、被孤立的痛苦，或承受被考虑人的不理解不领情的质疑。好人还容易引起某些人的羡慕嫉妒恨，甚至极少数人在获得援助后转身就反污、就恩将仇报。不管这些是即刻显现的痛，还是缓慢的隐形之痛，带给好人都是深沉的心痛，带给好人的压力也是巨大的，带给社会的负面影响是难以预估的，会冷却很多人的心，不利于未来和谐、美好社会的建设。

俗话说:"武功再高也怕刀枪,身体再强也怕被狗咬。"屡弱的好人心再善也怕被诬陷;好人言再善也怕被误解;好人行再正也怕被诬诈,也怕被暗算,也怕被伤害。

难道重情易受伤,无情才无伤吗？悲哀!

例如,扶起倒地老人,再送去医院是许多人的好人行为,但如今社会上已有不少这类帮扶者被诬诈被冤枉为撞老人倒地的肇事者。这类事件的发生致使有些好人在帮扶他人后匆匆走远,似乎在逃离,让人困惑、纳闷,也令人无奈。但大家十分理解匆匆走远的帮扶者需要自我保护。

又如,某著名医院的一位外科主任医师二十多年坚持全部退还病人所送的红包,累计达几十万元。为让患者家属安心治病,他常常是先收下红包,然后直接把红包中的钱款全部交到住院部,作为这位病人的医疗费用,同时精心治愈病人。这位一心考虑病人及其家属的好医师,却没有想到会被误解、被非议、被嫉妒、被贬斥、被指责,也没有想到自己会被孤立。这就是做好人之难之累的真实写照。真不知道那些在指责、非议好人的人自己又在做什么想什么。好人的心太累了。

(2) 如果好人太重情、太投入、太考虑到他人,即**过度关爱他人,则或许会更容易被伤害**。这是重情好人的难与痛,因为好人对他人考虑的深度和细致程度太难把握了。

人走茶凉,无事无人。好人考虑了他人却被人伤害,被人抛弃的现象或许较多。尽管好人会不在乎,但是人的伤害,人心的背离,人的信仰背离是极其危险的。如果崇尚以德报人、以善待人、人心向善、公平正义的社会风气,则这个民族就能更强大起来。

(3)为他人着想的重情人被伤害被诬陷被冷落……这确实让人感到难过,令人心碎。这种心碎不是文学比喻,而是一种有严重破坏力的病毒,对身体的危害相当严重,可能会持续很久。

第二节　拒绝被爱

爱,是造物者赐予人类最伟大的礼物。给予他人爱和接受他人给予的爱都是爱的活动。

一、拒绝被爱

显然,为某人着想、信任、尊重、理解、关照着对方,是给予他人的爱。被他人着想、被信任、被尊重、被理解、被关照是对方给予自己的爱。

绝大部分人是能欣然接受他人给予自己的爱,能充分理解对方对自己的善意与关心,他们享受着被给予的爱带来的快乐与幸福,他们认为**接受被给予的爱也是给予对方的一种爱**,也是表达感恩与尊重、肯定与赞美,他们懂得却之不恭之理。然而不是所有给予他人的爱都会被对方感知感恩,有的会被直接拒绝。

（1）拒绝接受给予的爱，必是为他人着想、给予他人爱的好人们的最大痛点与最大的难点。不接受送你的玫瑰，那送你玫瑰的人必定很尴尬很难过。

自己为他人着想、给予他人爱的行为真的是不求被报答的，但被拒绝被否定，甚至被误解被反诬还是很痛苦的，尤其是被自己的亲人拒绝，那就会更痛心，甚至会绝望、精神崩溃。

（2）拒绝接受给予你爱的人往往表现为不能正确理解他人给予你的爱，不能细心领悟别人给予你爱的心，不会顾及给予你爱的人的感受，对别人太冷漠。这是对爱你的人的否定与伤害。

家，是爱最浓的地方，是最应该珍惜的。然而家中确实存在着拒绝接受被爱的人：拒绝接受父母对自己的爱，甚至全盘否定、怨怼父母；拒绝珍惜夫妻间的恩爱，把最坏的脾气不断地发泄给对方……真不可理喻。家，在精神上绝对是经不起内耗与折腾的。

（3）拒绝接受给予你爱的人往往有点心理扭曲，他们不识好歹、不懂恩情，是冷漠的人，对爱冷漠，对他人冷漠，让人可怜，更让人觉得可悲。

这种扭曲的原因，或许正如有人所言，这些人天生就与任何人对立；或许他们性格脾气有些怪异，自我自私，对别人既没有友善又没有怜悯心，心中没有他人的丝毫空间，心不善言歹毒；或许受环境影响，也或许出于个人的某种目的，以致他们人格修养缺失。

（4）拒绝他人爱，会让给人爱的好人们很伤很痛。给予他人爱的好人们懂得接受他人给予的爱是一种聪明又享受的行为。当然，好人在给予他人爱之前充分关注到对方的切实需要与情绪也是必要的，在对方确实需要时才伸出爱的手，这样效果会更好，但这必增加赐人爱的难度。

给予他人爱遭到对方拒绝，也可能会使自己心理上更坚强，具备更强的承受能力，更坚定自己的善良与赐予他人爱的信念。

拒绝接受甲赐予你爱的乙是不会去考虑甲的感受的。如果甲不愿意和乙多说也不愿多问，那说明甲可能被乙伤痛得太深，而无奈地无言相对，也是乙的悲哀。

请真诚地感知爱，全盘**接受并感恩他人赐予你的爱**，拒绝是愚蠢的。

二、你　好

（1）"你好"是一种礼貌用语，是问候又是祝福。以"你好"问候，以"谢谢"告别是基本礼仪。一句"你好"开启结交朋友、增强感情、促进友谊的历程。友善相待，让人暖心，令人亲切。

"你好"是一句常用的交流语言，已普及到日常交往中，甚至用于招呼或应答中。例如，接起电话时说："你好！我是×××。"路遇某人，虽然似曾相识又想不起对方是谁时，一般双方都会报以微笑互道"你好"。这样,既避免了尴尬,又互相问候了。

如今,许多人对别人对自己的称呼比较在意比较敏感,有些称呼会令人尴尬,让人不舒服。例如,有人认为叫"姐""哥"太俗气;喊"大妈""大伯"太显老;叫"小姐"太轻浮;叫"阿姨"太轻视……实在吃不准怎么称呼对方时,那就客客气气地说声"你好"。

在传染病肆虐时,人与人不宜握手、不宜近距离接触,说声"你好"就是最合适的招呼。

(2)"你好"是对对方的爱与尊重的一种表达。"你好"是问候更是关爱,即问候与关爱以"你好"开始。拒绝被问候就是拒绝被爱。

早在春秋时期,政府设置了一种专门掌握老年百姓健康状况的卫生官职,名曰"掌病"。担任"掌病"的官员上门检查老人健康状况的工作有:对九十岁以上老人得一天问候一次;对八十岁以上老人得两天问候一次;对七十岁以上老人得三天问候一次;对普通人至少得每五天问候一次。

这种上门问候让政府了解掌握了民间百姓的健康信息,也表现了政府对百姓的牵挂、慰问与关爱。这种问候不仅让当时的百姓受益,而且值得当今社会借鉴。

当今社会中,许多人对问候十分不屑,对"你好"的意义与作用视而不见。这些人既不会牵挂、问候别人,也不知被问候的温暖与感激。对照"掌病"官问候耄耋老人一事,现在有些人，对家中父母既不上门照料也不打电话问候，还振振有词说"有什么可问候的""他们好着呢""老人们不会不满的"。难道你不知道"不会不满的"是父母的无奈、忍耐与宽容吗？这明显是你对父母冷漠的托词。一般而言，老人总是为孩子们考虑着，不会轻易"打扰"子女。子女想当然地认为"他们过得好"绝对不能代替老人的真实生活，因为这种心理曾导致老人死在家中一个星期、一个月都没有人知晓的悲剧。坚持不必问候不必探望不必陪伴观点的人真自私真无情真冷血。

一个正常的人是渴望被问候的，因为相互间的这份情与爱是弥足珍贵的。然而现在有不少人连"你好"的问候都得不到。例如，一对空巢老夫妻在他们金婚纪念日之前在亲人群里发了"五十年有感"一文，感叹五十年的家庭生活的艰辛与挣扎。发文只是期待得到子女、近亲人的一句问候式的安慰，一点点的祝福。结果却没有，而只有他们可怕的沉默与装聋作哑，还有站在道德高地的说教。

（3）真奇怪，有人竟会恶意曲解"你好"这些共识的问候，甚至把满怀善意的人当作自己发泄情绪的对象。

对她（他）说声"你好"，就用"你以为我们有什么不好"等恶语回应问候者；对"你吃饭了吧"问候的回答是冷漠的"关你什么事"；对"抱歉""对不起"的应答是"不需要"；对"你的身体都好吧"的问好的回答是挑衅的"你盼我有病呀"；对分别时的"慢走""再见""保重"的叮嘱的回应是不耐烦的"你别管""死不了"；对"祝贺你"说"不用讨好我"……真是令人惊愕。

众所皆知,乘客在登客机时,乘务员们都会在机舱口微笑迎客,并说"你好",以示对乘客的尊重与礼貌,说"欢迎"以示友好。然而,有乘客却回复道:"我不好。""有什么好不好的。""我什么都不好呀。""不欢迎,我也登机,我是买了票的。"这让乘务员很是尴尬与警惕。

三、你别管

有些人对来自别人的帮助会说:"你别管,我自己可以的,谢谢。"这或许是对施助者的一种礼貌与感谢。这时,也是对善于给予他人爱的人一种安慰。

"你别管"或许是某些人的口头禅,但是"你别管"这话真让人感觉有点不舒服,有点好心被当作了驴肝肺的感觉。

(1)显然,"你别管"含有冷漠、拒绝,甚至嫌弃他人的意思。"你别管"是拒绝别人为他着想的直接表达,也有限制别人思想与言论自由表达的嫌疑。"你别管"最明显的意思是拒绝接受他人给予的爱,故痛了给人爱的人。

一般,说"你别管"的人表现得有点拒人千里、不知好歹的姿态。其实,他们才是真正地更喜欢"管"别人,更喜欢说教别人的人。拒绝给人爱,也拒绝受人爱的人,不会再有人敢给你爱了。

问候很平常,祝福很简单,但其温暖会久留心中。

对于问好与祝福,也有人会说"你别管",却不会说"谢谢"，真是不可思议。这是很明显的拒绝受人爱，也拒绝赐人爱。例如，对"祝你生日快乐"的回答是"我从来不过生日，你别管"；对"祝你平安健康"的应答是"谁稀罕你管"；对"吃好了吗、穿暖否、睡好不"的关心则回复"你别管"；对"请勤洗手常通风"的提醒回吼道"你别管"；对"你需要帮助吗"的询问是不耐烦的"你别管"。

闲聊是自我放松和与人交流的一种休闲方式。几位一起侃大山过嘴瘾，话说长城长江、黄山黄河、天文地理、奇闻趣事，突然被"你别管"的发飙声噎住，真是煞风景。闲聊就是闲聊，就是漫无边际地随便说些无关紧要的闲话，放松心情，娱乐生活。

拿"你别管"拒绝他人的善意是不礼貌的。

邻居经常长期外出，我又忍不住对他们说：你们外出时，我可代为你们收取信报，以及注意来人访客。结果得到的答复是"你别管"，然后他们在信箱上贴一字条——"×日至×日，报纸别送！"他们离家后，当煤电水各公司上门见家中无人时，在门上分别贴上字条——"你家无人，请联系我公司。"邻居一句"你别管"断然拒绝被关照，结果却给自己家留下安全隐患。因为邻居的行为已向外界宣布了"我家无人"。那么有心之人，如小偷可能会光顾。

（2）孩子对长辈，中年人对年长者，说得很多的话有"我们有代沟""我们没有共同语言"等，这是"你别管"的另一种表达，是拒绝被爱的常用理由。

"代沟"是指两个人在认识问题上的差异。没有"有代沟"想法的人,善于倾听不同的声音,理解"天外有天人外有人"与"三人之行必有我师"的道理。

"有代沟"的沟完全是主动声称"有代沟"的人自我构筑的围墙,其他人并没有感到有代沟的存在。主动提出"有代沟"的人往往闭关自守、闭目塞听,而且傲慢放肆,却认为对方是什么都不懂的。他们拒绝了学习与倾听的机会,违背了"父母责须顺承,师长教须敬听"的古训,他们拒绝接受被给予的爱。

为什么人们的泪点会越来越低,其中就有拒绝被爱之故。

可能有人会认为上述解读过度了,甚至是误解了,但是"你别管"这句话确实很伤害对方,确实是拒绝了被爱,至少你就根本没有为对方着想过,而且还在阻碍别人给予他人爱。伤害一旦发生,便很难遗忘与消失。请大家在使用"你别管"等话语时,稍加考虑对方的感受与处境,切勿任意使用。

第三节　好人之护

好人在考虑别人的时候必须学会保护自己,在他人不受损伤的时候好人自身也不被伤害。社会做好对好人的保护是很有必要的,它能使好人更有继续坚持做好人的坚定信念。

一、自我保护

好人个体的自我保护很重要，但是很难很累。

（1）当好人被讹诈被诬陷时，让好人自己提出人、物证据证明自己的清白与善举，或许是好人自我保护的一种方式。但这实在又是一种讽刺，让人寒心。因为好人在考虑、帮助别人时，已预设了对方也是好人，不可能预先留下什么证据。被考虑被帮助的人若反咬一口，这是好人绝对不会想到的。

例如，父母对子女的艰辛养育，做父母的绝对不可能想到成家立业后的子女会全盘否定父母、菲薄父母、冷落父母、怨怼父母，父母当然不可能会有当年的预判而自我保护。

（2）当好人被嘲笑被羞辱被非议时，采取"选择性屏蔽"或许也是好人自我保护的一种方式。就是说好人对一些伤害自己的信息进行屏蔽，装聋作哑，不关注、不关心、不回应，但是这种"选择性屏蔽"的代价很大。让好人感到太累太憋气太伤心，做了好事的好人，要选择规避、忍受着、压抑着的生活状态，太苦了。另外，"选择性屏蔽"也可能成为一些人消极人生态度的借口，逃避很多本应该承担的责任。

对什么都不闻不问，看不见不吭声，你不说我不问，你说我就笑一笑……这实在不是好人个体自我保护的最好方式。

难道只有对什么都冷漠了，心若冰石了，好人才不会再被伤害？不，当然不是。

（3）好人往往心太软太厚道，什么都自己承担着。憋屈、忍让、宽容以及受了屈辱还阿Q似的自我安慰着……或许也是好人自我保护的又一方式，但是它苦了好人自己，实在不应该。

与他人不争辩、不争名、不争财，好人自己应有的名没有了，该得的利没有了，还会被排挤、被忽视、被冷落……很多好人此时会淡淡地说一声"算了算了"，又会自我安慰地自言自语"得不如舍，有不如无"。好人由此来摆脱纠缠，宽慰自己，宽恕别人，算是一种虐心的自我保护方式。

这种"算了算了"的自我保护形式，一方面显露出好人的大度与善良，另一方面把做位好人的艰难与委屈呈现得淋漓尽致。

如果受到伤害的好人一味地选择"算了算了"，一味地迁就忍让，反而会助长社会的不正之风，增加好人不该承担的压力。所以有时候受屈的好人还是应该据理力争，讲清真相，还原事实，用道德准则进行抗争，并依靠舆论的认同和法律的支持进行自我保护。

（4）心中有他人，言行中考虑到别人是好人的本质，绝对没有错。但是过度地为他人着想，过度地对别人关爱，可能对双方都会产生一些困扰，使双方都累。所以适度为他人考虑，适度关爱别人，双方保持一定的距离，或许是好人自我保护的一种有效方式。

社会上有些人养成了认为被考虑与被关爱是理所应当的

74

观点,甚至是依赖这种被考虑与被关爱。正是因为他们被考虑到被关爱着过度了,而他们自己又太不珍惜别人对自己的考虑与关爱。因此,是否有必要处处都为他人着想呢? 如何适度考虑别人是好人自我保护该三思的问题。

例如,丈夫对妻子在生活、身体与工作等方方面面的无微不至的关心,妻子显露出爱理不理,或无所谓、不珍惜,甚至表现为厌烦,这让丈夫不知所措。这类男人所受的伤一定很深。这类女人也太不知好歹,太"作"了。同理,有些男人在家里过着"衣来伸手,饭来张口"的生活,是否是夫人对先生宠爱过度了?

又如,很多女人对子女的关注与着想太过度,甚至当起子女的经纪人,对外协调、陪读,决定一切。过度溺爱、过于保护,会使子女的个人空间被束缚,或产生严重的逆反心理,或产生极强的依赖性,或导致子女无知到无视规则而闯下大祸,失去更多更重要的东西。

二、社会的支撑

一位因救火受伤而半身截瘫的中年农民,在生活实在无着落时找到当地有关部门寻求帮助,但却无果。由此可见,**好人的个体自我保护能力是很微弱的**,个体的自我保护是很单薄的,尤其是为了他人导致自己心灵受伤、身体致残、生活无着、寻求帮助又无望的好人,要求他们自我保护显然是太苛刻了。

（1）对好人的保护，重要的是还**需要被考虑者的良知与真诚的支持**，杜绝诬陷；**还需要社会权力部门与媒体对好人的认同与点赞**，拒绝冷漠；更需要法律对好人的支持与保护，忌不作为；还需要公众行善的社会体制的保障，尽快健全强有力的对好人的保护、救助机制与相关法规。只有全社会都来保护好人，才能夯实社会的文明基础，才能使心存善意的好人不会感到孤单，才可使生活中善良与感动长存，才会让世界变得更美好。

（2）**社会的认同和舆论的正确引导是对好人的一种保护，执法部门的严正执法更是对好人的强力法律支撑**。不然，好人可能会受到冤枉与伤害，承担不该承担的风险。

法官必须坚持"谁主张谁举证"的法律原则来保护好人不被讹诈、欺骗、冤屈，坚持被指控被诬陷的好人没有举证的责任。如果判案的逻辑起点失常，社会情理错位，保护好人的最后一道屏障也就倒塌。

同时，法律还应该严厉追究那些诬陷敲诈好人者的法律责任，让那些丧失基本道德底线的人受到相应的惩罚。这便是法律对好人的保护，让为他者放心为善，使反诬者知畏止步。严厉追究反诬讹诈者的法律责任，是为绝大多数人着想的善，具有极大的社会意义。

有些好人或许为他人着想得太多太深，而使自己受到了很多冤屈与损伤，由于积压得太多太深，又无处发泄又缺乏自我消解的能力,并且未获得社会舆论的肯定和法律的保护。如果这些好人自我承受不了时就容易情绪崩溃,直至做出过激的行动造成严重的后果,这样一来,原本的好人就有可能转化为坏人了! 这真是社会的悲哀啊!

法律的生命在于实施,法律的严正实施,降低了好人为他的风险,是对好人的有力保护。

(3)下面真实案例的判决真漂亮。

一个寒冷的冬夜,沈某跳入大海救起落海的吴姓女人,而自己却丧命。

没有法定或约定的义务,积极主动实施营救的沈某因救助他人而亡之举被公安局认定为见义勇为行为。

吴姓女人从被救起之后,对同住在一个小渔村的受害人沈某家属一直未表达感谢,甚至对此事退避三舍。案发205天后,沈某的家属向法院提起诉讼,要求判受益人吴姓女人做出相应补偿。

根据相关法律条款,法官认定沈某舍己救人而牺牲的事实后,判决受益人吴姓女人给予受害人补偿金。另外,法官认定受害人亲属的精神损害确实存在,单独判决受益人补偿受害人精神损失抚慰金。

这个罕见而漂亮的判决,大家纷纷点赞。这个判决是对见义勇为行为的肯定和褒奖,是对见义勇为者的法律支持,是对考虑他人的好人进行的法律保护。大量社会舆论谴责吴姓女人否定事实、反诬指责的狡辩,批评她的冷漠、傲慢和忘恩负义,同情沈某亲人的遭遇与愤怒。这些都是法律和社会对考虑他人忘却自己的好人的认同与保护。

如果还能再判决受益人向受害人家属致谢,并向受害人致以哀悼,又责令受益人完成相当的公益慈善志愿工作,那么更加利于弘扬正义、保护好人。

对好人的保护需要社会的倾心认同,也需要媒体的助力与法律的支撑。对好人必须报以敬意与感谢。

第四讲
你我他

你我他共同生活的集合里有你有我还有他,有你和他,有我和你,有我和他等各种关系,从而产生为他人着想和被他人着想、给人爱与受人爱、强者与弱者等关系。所有关系的基础是每个人心底拥有对别人的尊重和人与人的平等的意识,尤其是精神层面上应该为别人多着想,理解他人的感受,管住嘴巴注意语言,没有倾轧没有欺凌,敬畏生命追求和谐,敬重天地、万物与你我他。

为他、为你、为社会。

第一节　陋　习

每个地域每个年龄段的人群中都会存在着心无他人的人。心无他人,自我过度,我行我素,违背公德,出口伤人……

是他们的陋习,他们对这些行为似乎习以为常,不以为意。

例如,在公共场所大声喧哗,辱骂他人,乱丢垃圾,随地吐痰,插队推搡,踩踏绿地,浪费粮食,乱刻乱画,造谣生事,失信于人,过度使用免费的公共资源,机动车堵塞人行道与消防通道……这些不文明行为经常可见,会受到社会的严厉批评,这些屡教不改的不文明之人都是非好人。

其实,社会上还存在着许多让为他人着想的人们鄙视的丑恶行为。例如,拒绝被爱、无耻狡辩、掩盖真相、捏造事实、言语恶毒,以及或菲薄、或冷漠、或污名、或诈骗他人,等等。下面晒一晒若干让人鄙视的事例,希望有这些不雅之举的人会自惭形秽,反思自我,想一想自己离为他人着想还差多远,希望能知耻而后勇。

各种不为他人着想的陋习都会让人鄙视,应引以为戒。

一、公共场所

在文明社会里,要求大家**在公共场合比在家里更要有约束力**,更要有心中行中有他人。然而许多人却嘲笑这种倡议太做作,在家在外一样我行我素。这是公共社会文明与好人核心思想教育的缺失。

(1)客机舱门一关,几百人在密闭的空间内已成为一个生死共同体。在这个空间内,任何人的不当行为都可能危及这个生死共同体中所有生命的安全,然而总有些人在客机上闹事。例如,辱骂、威胁机组人员或其他乘客,甚至肢体恐吓、殴打;或擅自打开飞机的应急舱门,或损坏机上航空设备,甚至扬言炸飞机,谎称机上有爆炸物,等等。这些空闹行为造成航班延误等事件,破坏公共秩序。这些空闹者毫不顾及航空安全与全机人员的生命安全,这是对他人极不敬畏的恶劣行为,必遭人们谴责。

（2）有人在封闭的公共交通工具内吃着怪味食品,或脱鞋脱袜散发臭气,污染整个车厢的空气;在拥挤的公交车厢内,拿着尖锐的物品,丝毫不顾忌可能因急刹车戳伤别人;下雨天穿着湿淋淋的雨披挤在人群里,不顾车内其他人;扎着马尾巴头发的女人头乱甩,不管别人被马尾巴猛扫五官的痛苦。这些或许是小事,但真让人嫌恶。

（3）高跟鞋是女人之爱。女人穿着高跟鞋不仅增加了身高,还让自己身姿更挺拔、仪态更美好。然而,不少女性在展示自己的风韵获取他人赏识之时,却忘乎所以、旁若无人、若无其事地不顾时间与场合蹬响她的高跟鞋,这些很可能令人厌烦。

例如,在夜深人静之时,居民区的小巷里似正步走般力度噔噔作响的高跟鞋噪声划破宁静,搅扰大家的美梦。又如,在教学大楼与图书馆里、在医院的病房与机关的办公楼内时不时传来女人刺耳的高跟鞋声,严重影响人们的学习、生活与工作。

（4）着装是一个人气质的表现之一,也是一种文化素养的

81

外显。干净、庄重、得体、朴实、大方的着装是对他人的尊重，也是自信与自尊气质的一种表现，但注意这和衣装贵贱无关。

职场人应懂得专业能力和为他人着想远比时髦更重要。如果衣着不当，那不仅是自身缺点的凸显，还会给他人带去视觉的不适，让人误解你太轻浮。

二、应　答

应答，是对对方的问话、讲述、行动等给以及时的回答，**不管看法相左还是相同都应该及时应答**，行还是不行，好还是不好，对还是不对，有还是没有……如对于命令应答"明白"，对于问候与祝福应答"谢谢"，对于某个建议或观点可以应答"同意"或"不同意""让我考虑考虑""我们再商讨商讨"，等等。对得到别人的帮扶或资助，说声"谢谢"是最基本的应答。否则，人们就会认为不予应答的人心中毫无他人。

（1）**应答，是对对方的一种尊重**，也是沟通交流的基础。不然，则会引发一些误会或麻烦。例如，2016年5月，某国空军两架战斗机紧急起飞拦截一架"幽灵飞机"，因为这架"幽灵飞机"对地面的多次呼叫不做应答，被怀疑可能遭遇了恐怖袭击。

（2）**应答，是一种基本的礼仪**，"来而不往非礼也。"在现实生活的各种对话与交流中，对同一个问题，如果你一直不应答，那么对方猜不透你是什么意思，就会十分失落。只能认为你颐指气使,瞧不起别人。俗话说"不应答者最凶狠",可能指这些人在随时准备着什么阴招呢。

总之,不予应答本身就是对对方的不尊重,是一种伤害,也是一种陋习,这种人必是非好人。例如,在认为从年老父母那里再也不能得到好处后,就冷落父母,甚至彻底否定父母的养育与培养,这种子女当然是非好人。

（3）在应答中,应该特别注意语言使用的恰当性。

例如,微信聊天时,一方满腔热情给另一方发去许多话,另一方应答中却只回复一个"嗯"或"哦"字。这是一件让一方郁闷的事情,使其有一种被敷衍被冷落被拒绝的失落感,甚至会产生不解、悲郁、愤怒的情绪。这种感受已被许多人经历过,有人已把单个字的回复归纳为网络冷暴力的一种。

从心理学角度来分析,叠音会激发人们纯真可爱的图式。如成人与婴幼儿的交流中,更多地使用叠音"宝宝""饭饭""觉觉""亲亲",以及"妈妈""爸爸""爷爷""奶奶"等。**叠音词能传递出亲昵和柔美的印象,会给人活泼、可爱、阳光、童趣和被尊重的感受。**所以在微信的简单回复中,可使用叠音词"嗯嗯""哦哦",以及当今社会上面对面的称呼,如"小姐姐""小哥哥"等,就有一种很强的亲和力,以及自己被对方尊重的感觉。

三、霸　凌

霸凌是强势的一方依仗财富等,威胁、伤害、侵犯、欺压、羞辱、孤立与冷落弱小一方的行为,甚至有底层弱小者霸凌同为底层的弱小者。

社会上,霸凌现象一度普遍存在。不仅存在于校园内学生间,而且也存在于单位的同事间、同行间,甚至家庭成员间。霸凌的手段可能很蛮横很疯狂,也可能很阴毒很隐晦。

(1)霸凌是指语言的、躯体的或心理的等攻击性行为。**语言欺负**,如威胁、歧视、羞辱、造谣、诬陷等;**躯体欺侮**,如实施暴力等;**心理欺负**,如孤立、排斥、冷落、讥讽等。霸凌造成可怕的以强凌弱的生存环境,没有了互助生存意识。

同事同行间本应互相帮扶、学习与合作,共同获益与提高,然而,有人为了凸显自己,就不惜一切手段排挤、贬损、倾轧、诬陷、霸凌别人;有人为了自己项目胜出,就舆论围剿、捏造事实、栽赃诬陷等对付他人,从而达到霸凌他人的目的,完全摈弃公平公开的竞争规则;家庭中,也有不少瞧不起父母的子女,这种家庭内部的内耗与霸凌是最让父母痛不欲生、伤心绝望的。

请不要把善良的有爱心的人逼成冤家对手,不要逼良向恶。

(2)只会忍气吞声、退避三舍,从不会和别人据理以争的弱者很容易成为霸凌对象。他们会受到强者的"吞食",会受到霸凌人的语言、躯体和心理上的欺侮。这样会使被霸凌的人丧失自尊、妄自菲薄,处于人微言轻、神经敏感等状态;会使被霸凌者陷入焦虑、抑郁的境况,可能产生恐惧感、孤独感等;

或许还会使被霸凌的人产生强烈的对抗情绪,也转变为霸凌者去欺压更弱小的人,甚至引发极端行为。

不管什么原因、什么性格,霸凌他人的霸凌人绝不是好人,必定会遭到人们的鄙视与谴责。人们必定同情被霸凌对象,为他们着想就尽早亲近被霸凌者,尊重他、陪伴他、倾听他,多点耐心、肯定与鼓励,切忌说教、驳斥与冷眼旁观。

为他人多着想、有着良好人际关系的好人,必定会尊重他人,必定不会有霸凌行为的。

四、言语放肆者

如果出于帮助有不文明行为的人遵守社会公德、提高素质、完善形象,即使有些过激的言语也是可理解的。但现实中往往有人喜好以一部分人的不当言行与陋习,当即全盘否定或某年龄段或某地域或某民族等整体人群,并大肆抨击。人们当然会十分鄙视这类**言语放肆者**,会质疑他们自己心中有没有别人,以及有什么企图。

(1)如今,有不少媒体和某些作者经常专门针对民众,长篇大论批评市民素质如何如何低下,如何如何不文明,如何如何不考虑到别人、不考虑公德,形象如何如何糟糕……这样啰唆实在叫人无语,让国人气愤。请问这些过度贬低同胞的大放厥词者自己素质有多高呢?仅凭某些人的不文明行为就一概贬低全体同胞,正说明你不是好人。

（2）言语放肆者贬低中国人的另一个方式是拿外国人作参照，说外国人如何高素质、守公德等。请看你颂扬的某国的人是如何"高素质"的：该国对自己过去的罪行，几十年后的今天仍然没有认罪，不肯道歉，还篡改事实百般抵赖。所以不管他们如何伪装如何粉饰，仅这一点就足以说明他们的素质绝对的低劣与虚伪。显然，不会认错不肯道歉者必定不是好人。拿这类根本没有素质可言的某国人来贬低整个中国人的言语放肆者本人，真是没有素质可言。

事实上，很多外国人在公共场所的劣迹也是常见的，有人更自私更不顾及他人。某国某大城市中烟蒂纸屑痰迹满大街，插队加塞大声喧哗者等也屡见不鲜。有一次，我在欧洲某宾馆住宿，深夜窗外持续传来几个外国人大声讲话的嘈杂刺耳声，我忍受了两个小时后几次提醒他们，结果他们还很凶煞地反驳"何时何地多大音量说话是我的自由、我的权益"。难道这些就是某些人所吹捧的高素质的外国人吗？

某航空公司一架超大型飞机飞行途中，坐在我前面位置的外国女人突然放下座椅靠背，刚好砸到我的头部，我告诉她后，她却大声骂人，说这是她的权益。调整靠背是你的享受，难道砸到他人的头也是你的权利？我只希望她说一声"对不起"表示道歉，这完全是正当的要求，也是我寻求权益和尊严的权利。经乘务员的调解，她只说"不知道"，就是不肯道歉。我只能"得饶人处且饶人"。但这个外国女人的横蛮欺人之丑陋让人鄙视。乘务员及许多乘客对我的宽容大加赞赏，说"你们中国人素质真好",还送我一份特殊的小礼物。正如国外一份"最让人讨厌的乘客行为"的调查中,"调整座椅靠背妨碍他人"一项名列前茅,恰好也证明了这些低劣言行多么可怕。

其实,绝大多数中国人的素质及其在海外的形象还是很不错的。许多国外人士认为:中国人的表现值得称赞,中国人很有涵养又幽默,很真诚,又会考虑到别人,不会有像某些国家的人那样虚假的"礼貌",或满口谎言、口蜜腹剑。面对这些赞誉,和言语放肆者宣传的让人心寒的描述形成巨大的反差。

(3)请言语放肆者自重点,多学点辩证分析与数理逻辑思维,冷静思考。请言语放肆者,**不要简单地说某国某民族某地区人们素质的高低**。任何一个人群任何一个事件都有其好的一面又有其不好的一面,绝不是非此即彼,非白即黑的。

形象不好的原因又是多种多样的,或缘于自卑,或因为习惯,或源于自身基因与心灵等。所以还是以个体为单位对某一事件加以评论为妥,不能以偏概全。请言语放肆者注意:在现实生活中常常会遇到对别人无端贬低抨击取乐的人,结果是:

若你过度贬损别人,则你也必会被人们贬低;

若你过度鞭挞别人,则你也必会被众人鄙视。

请言语放肆者不要一叶蔽目地抹黑中国人,一味指责自己的同胞,因为我们也有自己的尊严,不然结果会很糟的。

是的,人们守规矩、考虑到他人的文明素质是一个民族的软实力,是一个民族崛起的基本要素。我们中国人有着能考虑到他人,会给人信心给人方便给人欢乐的修养,具有善于反思敢于道歉,坚持"和为贵"等一系列优秀传统品质。请我们的同胞不要再妄自菲薄,不要自弃自卑,要自信起来,把"为他人着想"发扬光大,做得比别的国家都好。

第二节　生命至上

人的健康与生命存在时谈自由与权益才有意义,当人的健康或生命不存在时谈自由与权益就毫无意义。

生命至上,要珍惜他人和自己生命的存在。

一、生命真神奇

人的生命都来之不易,是偶然中偶然的事件。两小撮相异又最优质的物质经过艰难而完美的结合,以复杂而奇特的方式才有可能创造出生命。当你还在娘胎里时可能会遭遇流产而不会有你;母亲的一个不小心则有可能导致你长成畸形;在你出生时可能还会面临产钳与刀剪。生命真神奇。

在你来到这个世上后,能在地球上生活几十年更是非常不容易,或许要经历一系列的磨难。开始时呛奶、摔跤、不小心的烫伤等,还有小儿麻痹、百日咳、猩红热、脑膜炎等危险。好不容易,你长大进入社会了,还得经受各种苦乐逆顺、跌宕起伏、激流险滩的体验。可见生命多么不易。

每个人的生命都是不容易的,也是伟大的,理应互相尊重、和谐相处,以维持人类社会的平衡。然而有些人喜好制造人祸,偏好于"与人斗其乐无穷"的执念。他们或以闲言碎语、指桑骂槐、嫉妒倾轧、争权夺利等邪恶言行损伤同样来之不易的他人生命,更过分的,竟然还有人以汽车、摩托车等为利器制造车祸,用飞机枪炮等发动恐怖袭击或战争。他们犯下的是漠视别人生命,毁灭他人生命的罪孽。

生命,本来只是一个个独立的个体,他们在彼此的偎依中构建起一个精彩纷呈的人类社会。一个个生命之间平等的偎依、搀扶,则需要每个人心中行中有他人,需要爱他人与接受他人的爱。因为人世间的和谐来自每个人心灵深处的爱与被爱、理解与被理解、宽容与被宽容,只有在彼此的关注中才能创造和谐的关系,生命、哲理与爱彼此相依,风雨同舟,这才是其中的奥义所在。

人的生命是那么的神奇,必须善待每个人的生命。

人的生命是那么的不容易,他们理应享受自己的尊严。

人的生命是那么的伟大,尊重他人的生命更伟大。

二、利 器

装有上万加仑燃油高速飞行的飞行器在空中无疑是极具威胁力的"炸弹"。在那年那一天,有群人劫持了两架载客飞机,分别高速撞向各 110 层高 411 米的姊妹摩天大厦,引发巨大爆炸。大厦在浓烟滚滚的烈火中轰然坍塌,使好不容易来到这世上的数千生命瞬间毁灭。

不按规定行驶的机动车也是一种剥夺他人生命的利器。人人皆知,它可以致人伤残,可以剥夺别人的生命。行驶中的机动车确实是一杀人利器。人们恨那些制造车祸的机动车驾驶员,恨他们对好不容易来到这世上的生命的漠视,对他人的轻慢,对杀人的轻率。

无视他人生命的机动车驾驶员当然也清楚行驶中的机动车是一利器,便故意地放纵自己,伤害或毁灭他人生命。他们或为了寻求刺激而追逐飙车,以获取在风驰电掣中的快感;他们或为了发泄自己的不满与怨恨而报复性驾驶,造成车祸后逃逸现场,甚至还把被他撞伤的生命再次辗轧致死;他们暴戾甚盛,拿他人生命取乐、寻求刺激与戏弄……

这些时而有闻的惨烈事件真是触目惊心,是犯罪成本低、担罪风险小的危害公共安全的主观性犯罪。这不是单纯的驾车陋习,关键还是驾车人的人性淡漠,不知生命的可贵,不知道每个人的生命都是平等的,没有对他人生命的敬畏与爱惜。

生命都是独一无二的,都是平等的。善待珍贵的每一个生命,首先应该保证每一个人的生命安全,肉体与精神上的平安。

不允许因为你富有就无视贫穷者的生命,也不允许因为你位尊就践踏位卑者的生命,不允许因为你的年轻而欺压年老者的生命,否则你就是十恶不赦之人。注意:**巨额财富不是你一辈子的朋友,显赫的地位与权力也不可能伴你一生。**请驾车人勿以恶小而为之,请见人必停车,让人让彻底;停车就停死,不能若停若行。

敬畏生命,尊重他人,清除戾气,给生命让道。

三、过马路

被人诟病的"中国式过马路"往往是指行人没有遵守交通规则而随意横穿马路的现象。这会引起驾车人不满而被骂,还会引起国内许多媒体与舆论的批评与谴责。当然,这种过马路行为的确要改变。但是驾车人与某些媒体人更应该懂得:

行人永远是弱势者,行人是有灵性的活生生的生命。

驾车人始终是强势者,其掌握着可以杀人的利器——行驶中的机动车。

当今现实社会中"过马路"事件是这样的:行人只能在规定的地段、规定的时间内过马路,已经受到了"双规"的限制,受到了不能乱穿马路的交通规则约束。然而,行人在规定地段、规定时间过马路,却是非常不安全不安心,甚至会有风声鹤唳的感觉。因为驾车人驾驶机动车在行人面前不停车不让行的现象泛滥,甚至把在绿灯时行走在人行横道上的人群硬生生地逼停、冲散,然后扬长而去,更可恶的是有的司机还骂骂咧咧地嚣张坏笑着。这就是"人的生命不如机动车"的现实。

这种"过马路"社会现象的出现正是因为驾车人手握利器却无视他人生命,随心所欲地拿行人生命当儿戏的劣质心态。正是驾车人的霸道与野蛮才导致一起起血淋淋的事故。请驾车人清醒:在任何生命面前,没有理由卖弄你的特权与高贵,没有理由枉顾生命。

如果某个驾车人期望洗涤自己的心灵,欲改邪归正做个多考虑行人生命安全的人,那就应该充分理解"生命多么不容易"的意义,让行人让个彻底,停稳机动车以提升行人的安全感。所谓一木难支,那么就让我们一起众擎易举吧! 而众擎易举就要立下规矩,制定科学法规并严格管理。

四、法规的支撑

德国著名思想家歌德曾说:只有在有限制中才能凸显你的心灵,在法规下才能给你以自由。

(1)我们每个人生活在社会中,必然会受到各种各样的限制,也会受到各种各样法规法律的制约与管束。这是人的生命安全的保证,也是社会发展与和谐所必需的。

法规法则是法治的基础,严格按规则行事与言谈是法治的要求,无视规则理应承担相应后果。

道德行为需要法律的支撑,交通安全需要法律保障,其规则制订的核心理念应遵循：

人的生命第一是永恒的道理。人的生命始终应该得到最高的尊重。

人人都要提升交通安全认知，关爱人的生命、关注民生、尊重人权和人的尊严。人的生命安全是民生工作的出发点，是人权和人的尊严的首位工作。人的生命安全是幸福的必要条件，**人没有了安全，幸福也就无从可谈。**

（2）交通法规是法律，也是一种管理。有了科学法规的支撑，实施管理就容易得多、公正得多。任何的无知和无视都必将承担相应的后果。

每个人约束好自己，管理好自己的言行，或许是所有管理工作中最难又最高贵的。管理自己也是很简单的，只要能坚持勿以恶小而为之，绝不做恶小之行，绝不说恶小之言。如道路交通安全就是由驾车人自己掌控着的。

来之都不容易的每个行人的生命价值与意义是和驾车人**完全平等的，并无高低尊卑之别。主体在行使自身权益的过程中绝对不能牺牲他人的正当权利与利益**，不能在精神与肉体上伤害别人。交通法规更应该凸显这一点。例如，如果确立了不允许机动车在人行横道上为绿灯时通行的法则，就能确保弱势的行人真正地放松、安心、快速通行，不必左顾右盼、进退两难、忍气吞声，能避免"行人远不如机动车"的现象，还能提高机动车的快速通行率，甚至能避免在认定车祸原因时，偏袒怂恿驾车人等不合理的情况发生。

做个好人，想着别人，细小着手，敬畏生命。

（3）每个人对已制定的法规都要有足够的敬畏之心，因为规则是要求大家共同遵守的一种强制措施，规则对所有人都是一视同仁的。按规则行事是天经地义的，任何人都没有违反规则的权利。守规矩反映的是一个人的基本素质，因为没有规矩不成方圆。

遵守法规需要每个人具有良好的习惯，而良好习惯的形成需要一定的时间，需要被教化。

某市公交公司为了让上万名公交司机遵守这一法规，历时数年进行教育培训，实施制度规范、激励考核、严查重管等措施。机动车遇行人正在通过人行横道，应当停车让行。**人行横道前必须停死车辆**已成为该市公交司机的自觉行动，一个良好的习惯，使行人心怀敬意，也更自觉地守交通规则。这样，遵守法规便可化解风险，传递的是一种道德文明，感受到的是整个城市的幸福和谐。

五、人与宠物

人的生命价值永远重于动物，人的地位与尊严永远高于动物。

若你饲养的动物攻击、骚扰他人，危及他人生命或对他人生理造成损伤，那这就是一种危害公共安全的犯罪行为。绝对不能以"动物也是生命"为理由来羞辱人的生命，来挑战人的底线。因此必须在道德和法律方面加强对动物主人行为的约束，让他们承担相应的刑事和民事责任。澳大利亚的达尔文市就规定：如果狗不跟主人在一起，就是对人类生命构成的一种威胁，将受法律惩罚。

狗是一种动物。狗可以是一些人的朋友，也会成为其他一部分人的敌人，更可恶的是有些养狗人的一系列丑恶行径。

个别狗主人把自己的欢乐寄托在他人受惊吓的痛苦上，指使狗去吓唬其他人，还坏笑说："我的宝贝狗是不会咬人的，看得起你才跟你玩玩。"这种枉顾他人生命安全的行为真让人气愤。如有两位老人对对面一条大狗的狗主人说："我们很怕狗的。"狗主人不但没牵牢狗，还嬉皮笑脸说："锻炼锻炼，训练一下胆量。"狗主人一点也不考虑到老人的心理承受能力与人身安全，真是岂有此理！

有些人爱狗超过了爱人，甚至放肆让自己的狗去追逐、撕咬他人，这是剥夺他人健康权与生命权的恶行，罪不容诛。例如，某年某月某日，一大妈买完菜回家，在自己的小区门口被一条恶狗扑过来连咬了三大口。某年某月某日，一名不满 7 岁的男孩被邻家两条大狗活活咬死。然而，这些狗主人没有认识到自己的罪孽，只说一句："我会赔钱的。"此时不禁要问：人的生命健康权与安全权怎么可以仅仅凭赔钱就了事？

恶犬咬人的事件在大幅上升，受犬咬患上狂犬病而死亡的人数更多。这都是狗主人的罪孽。狗咬人的狗主人漠视他人的核心就是狗主人毫不考虑他人的生命健康之心，严重违背了社会公德,破坏了社会的稳定、和谐,理应遭到人们的口诛笔伐,受法律的惩处。甚至有人公开声称狗猫就是自己的孩子,与狗猫同床而眠。这些狗猫主人没有**生物物种自然规律的群类基本认知**,真是变态与无知。

2015 年俄罗斯内政部就提醒公民不要和动物亲密接触,告诫民众"对动物的百般宠爱也抵不上人的一次生命"。

人的生命来之不易,高于一切;人的生命重于泰山,贵于一切。

第三节　他人的感受

感受,有对某事或某人的自我感受,也有对他人感受的感受。

一、感　受

感受,是指在接触到外界的事与人时所受到的影响与感触,而引起的心理变化与思想活动。感受往往会以其表情、言语与动作的形式流露出来。

对同一件事或同一句话,不同的人会有不同的感受。例如,有人会感受到自己被肯定被尊重,但有人会感受到自己被否定被蔑视。又如,有人的感受是无聊、没有意思、没有感觉;

但有人的感受是有意思、挺新颖，并由此催生灵感，可开拓自己的创新思维。

真正为他人着想的好人必定会顾及被自己着想着的他人的感受。好人必会做到他人乐，己也乐；他人不悦，己就反求诸己，"行有不得皆求诸己"。因为被自己着想的他人的感受是对自己为他人的言谈行事的反馈；因为他人的感受往往会传递出他的看法与需求，他的快乐与收益，以决定好人初始为他人着想如何得以继续。

显而易见，感受他人的感受是一种思考与分析的过程，是一种学习与提高的过程。**好人在乎他人的感受**，会充分认同他人的感受与感受他人的感受的价值。

能顾及他人的感受是真正好人的一个必要条件，不能顾及他人的感受就不是真正为他人着想，是一种陋习。不能顾及他人的感受或不能正确理解他人的感受的人不是真正的好人，他们或我行我素、固守己见，或唯我独尊、旁若无人。

有些事情，看似都是小事，实则并非小事，却是陋习，它们必定会引起许多人的反感，这些感受都值得人们反思。

二、低头人

经常伏案读书、长期埋头工作的低头族，绝对是具有专心、勤奋、上进、坚韧等优秀品质的人，当然值得赞美与敬佩，但是也有一群"手机控"的低头族。据调查统计，许多人每天低头玩手机的时间超过八小时的上班时间，而且在工作、听课、陪伴倾听、朋友交流、开车行走、吃饭如厕等活动中都是手机不离手。当时和你在一起的人会有什么感受，应该不难想象。

看似在陪伴、似乎是在倾听，还说"我听着呢"，但眼睛从未在对方身上有片刻停留，仍只独自玩着手机。对方的感受是自己被忽视，自己是多余的，会产生强烈的自卑感，又感受到"手机控"者的虚伪。

和父母在一起，或去探望老师时，仍旁若无人地玩手机，没有敬畏之意，长者会觉得自己被冷落被忽视了。

工作时听课时见缝插针地玩着手机，管理者和老师的感受是你对他们没有敬意，你对工作不上心不敬业，对学习不用心。

找对象谈恋爱时只顾自己低头玩手机，无视对方，对方自然会认为你没有诚意。

朋友、亲戚聚会交流时还旁若无人地玩手机，老朋友和亲戚们会觉得你倨傲和不合群，蔑视他人。

运动、开车、行走、吃饭、如厕等生活活动时还玩手机，旁观者的感受是你这个人太不爱惜自己的生命与健康，当然更不会去爱别人。

大家这些不悦的感受是切切实实存在的，会很自然地察觉到的，绝不是过度解读，也不是多疑。低头族表露出的是一种自我自私、目无他人、对他人没有尊重的陋习，当然会伤害他人。

自己沉沦在玩手机中,将会给孩子带来消极的影响,使他们懈怠地对待学习和运动。例如,一个 10 岁的孩子给自己的父亲写了一封《爸爸,我想对你说》的信,信中写道:"自爸爸您换了新手机之后,您只顾自己玩手机,再也不和我说话了,不陪我学习,不陪我玩,对我那么冷漠,不知为什么……"这位父亲看后感到无地自容,心情久久难以平静,他恍然大悟:为了孩子,该停止玩手机了,因为父母的生活态度必将影响孩子一生。**一切有爱的陪伴都有无可估量的力量,能消除他人内心孤单的爱是多么重要啊**。

这个孩子的信及其父的醒悟之言在网上传开后,引起众多网友的共鸣:

"惭愧呀,我也整天玩手机,孩子还小,父母老了,我都忽略了他们。"

"我女儿回家看到我和她爸都低头玩手机,会说回家真没意思。"

"我们忽略了身边有血有肉有感情的人,忽略了亲情。"

"周围的人对我整天捧着手机不务正业的样子非常不爽。"

"我们没有陪在老父老母与孩子身旁,总是说忙,很多时候都是在忙着玩手机。真愧疚呀!"

三、我　忙

"我忙"是一句极其简洁而普通的话。然而,现在有人事事时时都"装"得很忙,喊着"我忙"。有人以"我忙"为自己不考虑他人的行为辩解;有人以"我忙"为托词拒绝被爱;有人以"我忙"为由推诿拖沓,不作为不尽责;有人以"我忙"故意耍弄矫情;有人以"我忙"自炫其能与贵。说"我忙"的人是否真的在忙,情况不言自明。这种凡事以"我忙"为借口的行为真是让人讨厌。

有人在别人联系他时开口就说"我很忙很忙",联系人顿感无语,不知道他是什么意思。难道他一点也不知道别人的感受和心理?大家难免会猜测他忙的真假,难免会有被敷衍被拒绝的感受,难免会产生这个世界上难道就是"你忙"而其他人都很闲的气愤。

忙是相对的。有人在对自己有利益关系的人面前,再忙也会不忙。有人在对自己不重要的人面前,不忙也会说很忙。

以"我忙"敷衍搪塞对方,就是毫不在乎地拒绝了对方对你的信任。

多次被"我忙"耍弄的人也会心灰意冷,但还是有人喜欢用"人家忙"来劝慰被耍弄方,这似乎是为说"我忙"方开脱。那就是再次伤害已被耍弄的人,以"忙"劝说已被"忙"耍弄的人是一种什么逻辑。

"忙"是一种拙劣的借口，也是一种冷暴力。说"我忙"的人根本不会顾及他人的感受，他们或在自抬身价，装作自己很重要的样子；他们或在宣告自己的资源很多，地位更高；他们或在宣告自己有着更高的追求目标，所以用"我忙"表明自己不可能和大家同声相应、同气相求。说得明白点，"我忙"背后的潜在含义是：我和你们是有距离的，我的地位比你高，我的财富比你多，我的时间比你更宝贵。

能考虑到他人的真正繁忙的人，一般是不会轻易地把"我忙"挂在嘴边的，他们会充分考虑大家的感受，会信守和大家的约定，会积极承担该承担的义务与责任。

把"我忙"挂在嘴边，是一种不会或不愿为他人着想的陋习，令人鄙视。

四、菲　薄

菲薄，系瞧不起、轻蔑之意，和敬重相对。

菲薄，含有菲薄他人和被他人菲薄两个方面。

（1）菲薄他人的人往往有着极强的嫉妒心理，会攻击、毁谤他人；他们往往有着极强自私的心理，毫无利他之心；他们颐指气使、嚣张跋扈、口出狂言、盛气凌人；他们对待别人充满了嫉妒仇视心理，他们不懂得**"待贤者谦，待善者恭"**之训，不知"天外有天，人外有人"之理；他们总是对别人的水平与能力吹毛求疵，贬低别人的优点，否定别人的利他言行；他们丝毫不会顾及别人的感受。

（2）菲薄他人的手段之一是诬说对方瞧不起自己。这种菲薄他人的手段隐晦而歹毒，其实他们的心里却是混淆是非、恩仇颠倒、不知好歹、敌我不分，他们对别人的友好、关爱、帮扶、考虑等不屑一顾，还菲薄对方。例如，对父母的生养、培育、助育子女的付出，有子女却一概否定，并反诬亲生父母瞧不起自己来，菲薄自己的父母。瞧不起父母的子女绝不是真好人，真好人对父母必定敬重有加。

菲薄他人的手段五花八门，通常还有直言谩骂，或冷嘲热讽，或否定批驳等，这无异于言语暴力；或长期不理睬对方的隐式菲薄；更过分的手段是无事生非、造谣惑众、诬陷他人等挑衅性菲薄。

（3）热衷于菲薄他人，或许是这个人道德修养缺失、思想境界低下、精神颓废、生活空虚的一种堕落表现。这还反映了是这种人自己能力不足、水平有限、思想保守、谦逊不足、不善学习、不肯反思、乐于争斗、为人不善，为了自己的心理平衡就会刻薄地菲薄他人。菲薄他人或许是这种人的一种追求一种习惯，这种人以菲薄他人使自己快乐为目的。

例如，当今不少中青年对老年人，对年长一点的人，对他人很不耐烦，交流中常常辩驳或冷漠相对，甚至对自己父母更是如此，这就是典型的菲薄。

菲薄他人是一种心理障碍类精神疾病。要根治菲薄他人的行为是很难的，因为菲薄他人的人往往对谁都瞧不起、都不服气、都嫉妒,他们自己又不善学习、不肯反思、不愿倾听,他们压根儿就不想改变自己,压根儿不会考虑他人,不会利他,不会敬重他人。

（4）被他人菲薄,心里肯定不舒服。但被他人菲薄的人不必太在乎,控制住自己的情绪,问心无愧便可。不过抚躬自问一下也无妨,以利完善自我。

如果被他人菲薄得太多太久,尤其是长期不被理睬的菲薄,那么被他人菲薄的人必定会在心里留下很大的创伤,会使他妄自菲薄,会质疑自己,他会变得极度自卑、烦恼、抑郁、焦虑,或会越来越暴躁。被他人反复菲薄的人逐渐会幻化谁都瞧不起自己,幻化对方的眼光、表情、姿态等都是在菲薄自己,甚至会回想起很多年前自己被菲薄的某件事、某句话、某个人的情景。被他人反复菲薄的人被压抑得太久后,心里的火越积越大,甚至痛不欲生,恨别人更恨自己,想怒吼想咆哮。他的心理精神障碍越来越严重,他越来越需要被倾听、被陪伴、被呵护。长期下去,被他人反复菲薄的人将会彻底堕落,会变成精神萎靡没有追求的"沉溺"人。

（5）显然,菲薄他人会给对方带来非常大的伤害,甚至可能会毁掉对方的一生。

菲薄他人的人必定不是好人,他们根本不会考虑到被菲薄人的感受和所受到的伤害。

好人必定不会去菲薄任何人,好人必定会考虑到对方的感受,必定会为对方的快乐与幸福着想,必定会对对方的优点与成功给以肯定与赞美。我们每个人都应该敬畏他人尊重他人，绝不能随便去菲薄别人。

人们应该充分认清菲薄他人的人的本质。这些人更应该被大家唾弃！鄙视菲薄他人的人与行为。

五、反求诸己

感受他人的感受的意义在于反求诸己。

反求诸己，指根据他人的感受，应该反过来要求自己，从自己身上去追究去检查。反求诸己，可以检验自己为他人着想的目的与方式方法是否妥当。反求诸己，是自我思想修养提升的过程，是再学习再思考的过程，这是很有价值的。不会感受他人的感受，不会反求诸己的人是愚蠢的。

（1）双方的不平等，必然会引起弱势方的许多压抑的感受和强势方的得意忘形的感受。

如今，年轻男女找对象谈恋爱时，不少女生会毫不掩饰地对男生提出条件："男生的各种卡都必须交给女方"，"各种节日都必须要有礼物送女方"，"每天都要有'我爱你'的问候"，"男方不允许和其他异性交往"，等等，真是可笑。这时，男生会强烈感受到这类女生控制男生、限制他人的强烈欲望，男生不被尊重、失去平等与独立，会感到恐惧。而女生丝毫没有感受到男生的感受，更不会反求诸己，这将会付出代价。

还有的女人向男方提出的条件是——"双方吵架，不管什么原因,男方必须哄女方";女方和公婆发生矛盾时男方必须毫不犹豫地支持女方。这种条件给许多人的感受是这种女人的素质太差,太霸道、太强势、欺人太甚、对他人毫无尊重可言。这种女人是非不分、长幼不分,不可能反求诸己。尚未成家就想吵架与对立的女人太霸道、无理,不值得相处,否则男人会活得太累,这种恋爱与家庭终究是不可能长久的。其实,女人应该在认真地感受男人的感受中反求诸己,真正明白两个道理:**给对方自由与独立才是为对方着想、对对方的尊重,尊重对方也就是尊重自己;女人是需要被人哄的,男人也是需要被人哄的,老人更是需要被人哄的。**

（2）一个年轻女孩下班去必胜客就餐,就把包放在指定的餐位上,待她洗手回来看到一个男孩正在翻她的包,把包内东西乱撒一地。她对一旁的男孩父母说:"麻烦你们管管自己的孩子好吗?"不料,孩子母亲回驳道:"多大一点事,大惊小怪。"还戳戳女孩肩膀说:"你如此矫情难怪没有孩子。"那父亲更是狂言道:"你找事情就……"加以威胁。

这时,男孩的第一感受是父母已告诉自己翻别人的东西是被肯定的,是可以继续干的,于是就"咯咯"笑两声朝女孩翻着白眼。年轻女孩的脾气很好,从来不会跟别人吵架,她感到很委屈,气得发抖。

众人的感受是这对夫妻应该深刻反求诸己,应该感受他人的感受,应该认识到翻他人物品是侵犯他人利益的违法行为。父母纵容孩子做这种事情是在害孩子,将会对孩子今后的成长产生不良影响,将会付出代价。父母及时阻止男孩侵犯他人的行动,并赔礼道歉,这才是对孩子正确的教育。

(3)子女的行为必然会引起父母和众人的不同感受。例如,看到子女的可爱与优点,父母当然兴奋与骄傲。又如,年迈父母看到别人家子女搀扶着自己的父母又说又笑的感受是羡慕不已与感叹,想到自己被子女冷落遗弃与责难便会有潸然泪下的伤感和无奈。

父母为儿子的成长、成家付出了所有,还助该子获得体面的工作,又帮助培育其子女成人。之后,这个儿子却断然否定亲生父母对他几十年的生养、培育与助育,对亲生父母极不耐烦,甚至长期冷落,父母已经多年不见其人影、未闻其声音。两位老人的感受显然是儿子已经认定亲生父母没有任何利用价值了,可以遗弃了,可以免担责任与义务了。父母耐心等待与期盼多年,这个儿子仍然毫无道歉与悔改之意,老人的感受是他不可能感受他人的感受,他不可能反求诸己。其实,**所有的父母也不求被肯定,但只求不被否定;不求被感恩,但只求不被诋毁。**

第四节 你和他

如果你是导师他是学生,你是医生他是病人,你是司机他是行人,你是子女他是老人……一方对另一方而言是他人。

显然,学生、病人、行人、老人是弱者,导师、医生、司机、成年的子女是强者。按照好人的充分必要条件,在上述这些形成的你和他关系中,强者应多为弱者着想,强者应多帮助弱者。若强者的你恃强欺弱,或心中无他,则必被人讨伐唾弃。

如果强者是位好人,那么强者必定会为弱者多考虑一点。然而,在自我、任性、功利、浮躁横行的环境里,许多人缺失了为他人为弱者考虑的心,追名逐利盛行。强者妄为、强势、放任、逞凶,让弱者难上更难、胆战心惊。轻者是一种陋习,重者则是罪孽。

强者无他,弱者遭殃。

一、老师与老板

"老师"与"老板"是风马牛不相及的称谓。

老师,是对传授文化技术与精神思想等专业知识的人的尊称。老师,是世上最纯洁最崇高的称谓,不允许任何人对老师的亵渎。老师和学生之间绝对不允许有经济上的雇佣关系。导师,特指大学里对包括硕士生与博士生在内的研究生指导的老师。

老板,是对工商业经济领域里经营者、财产所有者、掌柜的称呼。老板和雇员之间是一种经济雇佣关系。

遗憾的是当今这两个称谓被混淆误用了。许多研究生称自己的导师为"老板",实在令人惊愕。或许是研究生的年轻无知，不能正确理解相关称谓的深层意义；兴许是一种文化的堕落，或是对导师的不敬或调侃。以利润收益环境中的称呼称导师为老板，也绝对不是学生对导师的期待与祝福。事实上是许多导师的职责的缺失，学生公开以"老板"称谓表达不满与讥讽，而导师却毫无反求诸己的意思。

导师要突出一个"导"字！导师的工作是对自己的研究生在专业学习与科学研究的态度、方法、思维上给予充分的**指导**，在道德品质上加以**教导**，在批判性科研思维与终身学习能力上多给**引导**，等等。

导师要亲自带研究生，不能放纵没有科研经历的学生毫无头绪地瞎摸索。研究生，顾名思义，学生是搞科学研究与应用研究的，是从事创新创造学术活动的人。因个体的特长与优势是不一样的，故导师要对他的研究生的天赋与能力加以充分发掘和引导，教导他们要打下扎实的专业基础，并静得下心认真研读前沿的科研文献，接触最新的科技成果；指导他们掌握基本的创新思维与方法，教会他们发现问题和解决问题以及撰写论文的方法，培养他们持续学习的能力。这些都是研究生教育的根本。

导师要为研究生着想，要珍惜学生的青春，让他们按时毕业。因为一个人的青春十分短暂，导师不能肆意浪费学生的青春时光，导师无权以各种理由或借口拖延研究生按时毕业。研究生写不成论文是导师的失责。你不难为情吗？让你指导的研究生在规定的期限内毕业是导师的基本职责。作为强者的导师应当多为作为弱者的学生着想。

以上这些都是导师最基本的职责。现实却有许多导师连这几点也做不到,使导师的称谓丧失了原本的含意,研究生们戏称导师为老板也就不足为奇了。这是一种令人惋惜的不正常现象,悲哀呀。

你是导师而非老板,珍惜受人尊重的老师、导师这一神圣的称谓吧。

二、医者与患者

个别医者的颐指气使、趾高气扬、飞扬跋扈,对患者不告知、不沟通行为与高人一等的傲慢,以及对因果逻辑关系认知的错误,导致医学的人文沦落,也许是当前医患关系紧张的一大原因。关键是少数医者缺乏真正为患者着想的素养,没有充分感受患者的感受。

当然,大家都能理解医者自己也是普通人,也有喜怒哀乐,也有委屈、挣扎、无奈与痛苦。但是医者面对的是作为弱者的病人,面对的是他人的疾病痛苦,医者没有理由张狂或冷漠。

医务人员在患者面前属于强势者,部分无职业道德的医者易引起医患关系紧张。他们居高临下的傲慢与冷漠让病人胆战心惊;他们对病人不屑一顾的神气和极不耐烦的态度,如他们眼一白、头一甩、嘴一撇,都让病人惶恐而不敢言;个别医者平白无故地对病人出言不逊更会让病人噤若寒蝉,如医疗咨询本该是医生职业工作中的一部分,但他们的解答惜字如金,让患者受到无妄之灾;做个简单的手术或治疗出现事故后,便掩盖真相蒙蔽患者且不及时治疗与道歉,使患者受到意外的心理和肉体的创伤;医院的住院部里,主观地把医师办公室和病房用紧锁的密码门隔绝,把医师保护起来,说是预防患者,结果是医院仁心缺失,患者恐惧不安,医患紧张关系便会升级……

这些不正常的医患关系,明明是作为强者的医方先不尊重作为弱者的患者,使后者受到屈辱与愤怒。当这种愤怒积累到一定程度,矛盾升级到再也无法调和时,容易发生各种医患矛盾的冲突事件,甚至演化到极端程度。

有的医者会振振有词地把冲突原因推给病者,颠倒因果关系,是无知又是无赖。因为你不尊重患者,却要求患者尊重自己,太荒谬了吧。这是一种医学人文的沦落,容易产生医患的信任危机。

尊重患者,保持信息对称,多为患者着想以及真诚的沟通等是医者的软实力,是真正医者的一个必要条件。反之必不行。

一百多年前加拿大医生特鲁多提出的**偶尔去治病,经常去帮助,总是在抚慰**的宗旨,正是医者的精神,也是好人的思想核心。这样,医者必会受到患者的信任与尊敬,医者工作的价值更凸显,医患关系必会温暖有加。

人同此心,心同此理。

三、中年与老年

一个中年人的一篇网络文章或许是写给自己耄耋父母的公开信,要求老年人认识并切实做到如下几点(摘录):

①喊你一声"老头子""老婆子",是你确实已年老了,你别反感。

②你不要期望子女改变他们的思想,你还是清闲自在点。

③中青年人一定比老年人忙,朝阳一定比夕阳美好,你要坦然接受孤独。

④在子女面前不要说当年,不要倾诉自己过去的苦与累以及对未来的憧憬。

⑤调整好自己的心态,别老想着样样靠子女。

⑥消除寂寞靠你朋友,独守长夜靠你自己。

该文似乎是为了老年人舒坦的一种劝说,实际上却是一篇限制他人言论与行为自由的"檄文"。该文充满了霸道与唯我色彩,认为只有自己和自己的意识才是至上的。该文观念偏激、言语放肆,声讨、嫌弃老年人,还想要改变老年人的思想与习惯。

注意到该文是以年轻年老来说事来论述,再注意到中年作者的强势和老年父母的弱势的现实,该文的每一字每一句都充分暴露了作者之丑陋既不是表面的,也不是偶然的了,作者俨然已是没有丝毫为他人着想的放肆者。

菲薄心中行中无他人的人，更鄙视心中行中无老人的人。

（1）非老夫妻之间喊"老头子""老婆子"是含有不恭、菲薄与嫌弃之意，这是常识。不能对老年人称呼"老头子""老婆子"是常礼，作者是不会不知道吧。老年人对"老头子""老婆子"称呼的反感是很自然的，因为老年人也有自己的尊严。

其实，对别人的称呼反映的恰恰是招呼人自身的教养。

（2）文章的作者强烈要求老年人"不要总想着去改变别人"，而事实上，作者写此文的本意恰恰正是作者迫切想着改变老人们独立的思想，以及他们良好的习惯。这是文章作者的强势与霸凌。因为你也清楚老年父母都会尊重子女的自由之思想与独立之生活，不存在也没有这个能力去改变子女什么。

（3）那么绝对地认定"中青年人一定比老年人忙""朝阳一定比夕阳美好"等论调真可笑，也是对老年人的一种羞辱。老年人比中青年人更忙碌、生活更充实、贡献更多的可能不少吧。中青年人庸庸碌碌、整天沉醉于游戏玩乐、没有志向的人不在少数吧。年迈的父母可以慢慢习惯没有子女陪伴的生活，但是中青年人失去了什么以及父母痛苦有多深不必多言了吧。请千万不要用朝阳夕阳、年轻年老来说事。

有时候，夕阳比朝阳更美妙，年老比年轻更可爱、更充实、更珍贵。

（4）不让老年人话说当年，又不让老年人谈未来，就是在剥夺老年人的言论自由权，实在太霸道太强势。

回忆过去，想想当年，以至谈谈期盼与憧憬是老年人自然的生活状态，这很正常。对自己过往的记忆与回顾是老年人生活的一部分，为什么要狠心打压呢？老人希望有人聆听自己的故事，你应该尽量满足，你应该耐心专注地倾听。老人的快乐是儿女的幸福。

例如，父母说说子女当年的可爱与淘气，正是父母对孩子形影不离的关爱；父母谈谈当年的不易与艰辛，只是一种欣慰的追忆。又如，鼓励老人多说说过往的经历是能够延缓阿尔茨海默病（老年痴呆）患者认知功能的衰退的。让老人畅所欲言是一件为老人着想的好事。

因为对你的充分信任，老人才会向你倾诉，向你诉说当年、谈论过去。你应**充分珍惜这份信任**，你应**充分珍惜老人身上的精神与经历**。因为老人经过岁月的冲击，其精神的陈酿和经验的积累是极其珍贵的，对后人是多多益善的，或许是让人受益匪浅的。**不知过去、忘记历史是可悲的。**请懂得一个道理：

> 读万卷书不如行万里路，
>
> 行万里路不如阅人无数，
>
> 阅人无数不如贤者指路，
>
> 贤者指路还须自己品尝。

（5）如今的吝惜者往往不是老人，却是中青年的子女，他们对老人太吝惜太抠门。例如，啃老的人和事不少吧。不少子女买房时都求父母资助,而只有退休金的父母却没能为自己购买养老的电梯房。又如,有一大家庭的一笔开支要子女们平摊,每人承担九千八百九十九元,较富裕的儿子按这个数给,也不肯多出一元或一百零一元凑个整数给老人。子女的吝啬够让人寒心吧!还振振有词以"老人不缺钱"为理由为自己辩解。不懂得情感与金钱的辩证关系,真可悲。

老人留着的一些看似破旧的东西,或许是老人一辈子坎坷人生或值得骄傲经历的纪念,是酸甜苦累生活的见证,或许是对祖辈的怀念与对家史的回忆。它们都是有历史的,是有故事的,是有年代的,是有情怀的,是有收藏意义的。无论对老物件的珍藏,还是对老事件的回忆,对老人的身心健康都是非常有好处的。

例如,当年吃不饱饭的经历,使许多父母为了子女能吃饱饭而自己省吃,为子女积存不少粮食票据。后来保存下来的粮票的意义是父母对子女的深情之爱,是对艰辛过往生活的见证。你应该了解,你应该珍惜,你应该感恩,你应该永远保存。多点情感、多点文化、多点历史等都是财富。

避谈当年、忘记过去是可耻的。

(6)已是为人父、为人母的中年子女认为年老的父母已经没有了可以利用的价值,就嫌弃他们。年老的父母考虑他人、考虑子女早已是他们的习惯,他们不愿麻烦子女不想拖累子女,尽力靠自己,他们清楚"求人不如求己"。**他们余生残存的要求仅是子女不再否定他们、不再伤害父母、不再责怪父母,**

只求获得平等与尊重。

正如当年还是孩子的子女依恋着父母一样,如今苟延残喘的父母当然也会有依恋子女的念想,尤其是精神层面方面。这就是血缘,就是亲情。

年迈的父母是机能下降的弱势群体,如同"小孩",而且会有比年轻人更需要情感的需求,中年子女对父母精神上与物质上的赡养、孝敬、陪伴是义务、是责任。中年子女要求年迈的父母一切靠自己,说什么"别老想着靠子女","消除寂寞靠朋友","独守长夜靠自己",等等,实在是冷血无情,毫无道理。

"靠自己"就是要求耄耋老人自己忍、忍、还是忍,忍下一切的冤屈,忍受子女的冷漠与诬指,忍受被子女嫌弃与孤独。"靠朋友"是不现实的,这世间能有几位是靠得住的真正朋友,能在自己确实需要时及时出现。有血缘关系的子女做不到的事却让朋友去做,这真是太荒诞。

年老的父母被你这样限制了思想与行动以及话语权,就不可能会快乐。**父母舒畅的好心情是需要子女帮着调整、安抚的。**如果老人默默流着泪,你却无动于衷,或严怼苛责,那么说明你就是思德不明、孝顺不清的非好人,将折损福报。

老年人的心理调节靠自己,也靠子女。

一个人的生命是如此的不容易,老年人的生命延续更加不容易。在来日不多时,还要承受子女如此无情的指责,对老年人的精神与心理简直是一种摧残,或是一种不见血的杀戮。

若容不下父母,何能容下他人;

115

不能容下老人，何能容下天地。

四、牵挂与被牵挂

牵挂一件事，是对这件事放心不下，盼望知道其结果。牵挂一个人，是挂念他、不忘记他。

牵挂他，就是在为他着想着。牵挂他，是对他的一种关爱与帮扶，或是一种感恩。例如，父母牵挂子女是世界上最真情、最自然、最幸福、最快乐、最珍贵的；子女牵挂父母是应尽的责任与义务。不会牵挂他人的人就是不会为对方着想的人。

（1）好人在考虑他人、帮扶他人之后是不会期待着被报答被感恩的，但是也不是不问结果，却往往还会对对方有着一份牵挂，会念念不忘着对方是否还需要什么。例如，帮助对方度过暂时困难后，还牵挂着他后来过得好吗？扶起摔倒者后，还牵挂他后来身体怎么样？为问路者指路后，还牵挂着他找对地方吗？教师为学生答疑指导后，还牵挂着他有没有真的理解？医生为病人治病后，还牵挂着病人后来恢复得如何……这是好人的本能反应，因为好人认为考虑他人就应考虑得圆满点、彻底点。

由此可知，**牵挂是帮扶他人的继续，牵挂和初始帮扶具有同等的价值。**

（2）好人还是希望能和被考虑方有基本的信息互动与思

想交流，被帮扶者将被帮扶后的有关信息及时反馈给助人者，是受助者应该做的，受助者不能采用"无事无人""人走茶凉"的态度。不然，好人的牵挂会折磨着好人，会让人觉得"自己太在乎不在乎自己的人"，会产生"在乎他人是不是多余"的疑问。

被牵挂，是一种享受，是很幸福的很开心的。被牵挂者理应很在乎被牵挂，理应欣然接受被牵挂，不能厌烦不可却之。这是牵挂的价值所在。故**被牵挂者理应牵挂着牵挂你的人，及时反馈自己的信息是对对方的尊重与感恩**，这是在为对方着想。例如，被父母牵挂着的子女会对父母耐心又体贴、问候又陪伴，会"出必告，返必面"，就说明子女懂事，也会牵挂别人了。

牵挂无声，却很甘甜。亲情无形，却最珍贵。

某大学信电学院 2007 年由校友们捐助设立了平安基金，是一项明确针对本学院退休教师个体的公益资助基金。十年间，共资助了 66 位因病退休的教师。

很多捐款的校友说："对老师的牵挂与感恩一直铭记在心，平安基金是我们的一种表达方式。""首先是老师爱的呵护和付出，感染我们对恩情的回馈。""当我们有能力回报时，老师们却已无所欲求，能助护老师的平安也许是唯一能做的。"

老师们说："我们退休这么多年后还被学生牵挂着的感觉真好，再也不会感觉到失落和陷入困境里的孤独无助。""感谢深知感恩与牵挂的学生们，这种心中有他人的感恩之情太珍贵了。"

平安基金会为广大退休教师提供一个相互交流和帮扶关爱的平台。管理平安基金的老师说："我们只是传递牵挂与感恩的义工，希望感恩持续下去、扩展开去。"

（3）有些人根本不在乎被人牵挂，或不知反馈自己的信息是一种感恩，甚至反感被牵挂，这就不是好人的为他人考虑的行为。因为否定被牵挂，拒绝被他人关爱，就是没有考虑到牵挂你的人的感受，很容易伤及牵挂你的人。

牵挂是一种最实在的爱的表达，你绝不可以伤害牵挂与牵挂者。牵挂你的人不需要你感恩，也会继续牵挂着你。你应该及时反馈，你应该懂得感恩。

例如，有一群所谓的"驴友"贸然进入深山老林，迷途后报警求助，当地警方及相关部门立即启动野外搜救应急措施，组织多路人马登高山涉荒野进行搜寻。然而这帮迷路的"驴友"另路自行下山自顾回家，并没有及时通告警方，全然不顾越来越多的警民仍在高山密林中艰难地搜索。不否认纳税人有享受被救助的权利，但是这些"驴友"给人的感受是太不懂事啦！你们安全下山了，为什么不及时反馈给警方？为什么不在山脚下等待搜救你们的警民，说声"对不起""你们辛苦了""谢谢"呢。要知道，你们的一个求救电话，有那么多人揪着心为你们的生命安全忙碌着，难道还要大批警民继续为你们处于无谓的不安牵挂与长期辛劳奔波之中？

感受大家的感受，检视自己的行为。

第五节　朋　友

任何一个时代,每个人都需要真正的朋友和忠诚的伙伴。

一、朋友的定义

（1）朋友,是彼此有交情的人。朋友之所以为朋友,就是在你无助无望时,可以依靠且想投奔的人,就是能陪伴你帮扶你,会聆听你又会对你倾诉的人。朋友,在你悲伤无助时给你安慰与关怀,在你彷徨迷茫时给你信心与力量。例如,坚持"我们是医患,更是朋友。朋友乃是在你需要的时候帮扶你陪伴你的人。"有此理念的医师就是患者的真正朋友。

真正的朋友彼此之间推心置腹、真诚相待,可将信任真正交付给对方。真正的朋友无须相处过密,不用推杯换盏,没有繁文缛节。真正的朋友无关利益、无关高低、无关贵贱,只是一杯清水、一句口信,甚至一个念头,便可以身心相托、灵魂相依、心心通融。

总之,真正的朋友的充分必要条件是会考虑你、帮扶你、尊重你、让你放心的人。这就是真正的朋友的定义。

（2）成为你真正的朋友的必要条件有:此人一定具有同情心、慈悲心,会考虑到你,会欣赏你,会尊重你;愿倾听你的倾诉,会陪伴会接纳你,又肯向你倾诉;懂谦让会道歉,能倾力相助,有时候在你面前还会扮演着认输者。

必要条件的本意是反之必不行,也就是说:不能聚精会神地倾听你倾诉,或不肯对你畅所欲言,这不可作为真正的朋友;不肯陪伴你、不会问候与安慰你,不愿接受你的帮扶和关爱的人也不是真正的朋友;他有事时接近你,他没有事时就是和你没关系的人,以及不知敬畏他人的人不能当真正的朋友;没有慈悲心,对父母没有孝心,颠倒亲人与朋友的关系,不懂得**父母可以是朋友,朋友不可能成为有血缘关系的亲人**的基本常识的人不能作为朋友;不肯让步不会道歉,对人出言不逊的刻薄人,和对人冷若冰霜的人也不可交为朋友;有酒有菜时称兄弟,患难之时不见人的人不是朋友;不和没有感恩之心与忘恩负义的人交朋友;习惯以审判式说教、凭空式指责、主观式判断、语言尖酸刻薄的人不能作为朋友。

人生离不开朋友。真正的朋友需要以真诚去播种,用热情去灌溉,用宽容去护理,用心去培养。

一位懂你泪水与心痛的朋友远胜过一群只知对你傻笑的人。

人的一生拥有健康的身体、拥有爱你的人士与可信赖的朋友真是幸事。

二、朋友难觅

（1）真正的朋友难以寻觅。其原因之一或许是，上述真正朋友的必要条件要求比较高。朋友应该彼此分担对方的痛苦和困难，分享对方的喜悦与成功，即**真正朋友既意味着奉献，更意味着接纳**。其原因之二或许是，你把对方当成了朋友，对方并没有把你当朋友，甚至还把你当成敌对一方，对方拒绝按朋友的定义相处。真是我友难断，朋友难辨。这是按朋友定义行事的风险，说知心话儿的凶险。例如，孤独就是在找遍朋友圈里都不能找到可以尽情倾诉的人的一种状态。

（2）判断某个人是不是真正的朋友不太容易，最好在工作场所以外和他有一定的相处，往往需要经历一些重要事件的检验与观察，往往需要经历较长时间的接触与了解，需要通过面对面的倾诉与倾听的交流加以判断。这就是"山高路远知马力，久居深山知鸟音，日久天长见人心"。

"人生得一知己足矣"，吾愿做你知己，你有苦有乐时就对我倾诉，我必定用心倾听与倾力相助。

有人说"没有永远的朋友，只有永远的利益"的原因就在于真正的朋友难以寻觅，但是**自己的父母是你永远的朋友**，你不能不认同。当然，对社会上所谓的朋友，不可以急于认定对方就是自己的真正朋友，尚需多点防备与观察。"防火防盗防朋友"，还是有一定的警示之义，信任父母才是真。

有不能为他人着想的坏脾气的人当然不可作为朋友。

三、朋友圈

朋友圈是以网络为载体的一种半虚拟的社交平台。

（1）朋友圈是有一定功能的，在朋友圈内可以获取一定的信息与收益。例如，一定程度上可能可以寻求帮助、解决疑难、征询意见、查找失物失人等，一定程度上朋友圈内可以分享愉悦与交流思想，可以倾诉以排除孤独与烦恼，可以倾听以获取资讯与能量，可以表达牵挂他人、考虑他人、帮扶他人的意愿与行为。

（2）毕竟朋友圈不是现实生活的真实写照。朋友圈中的事可能是虚构的，不一定是真实的事。朋友圈中的人也可能是虚拟的，或是冒名的，不一定是真实的人真实的话。况且朋友圈中的人往往是不见人影、不闻声音、不见手写文字，又不知其心思与态度的。

朋友圈的圈子越大，社交就越复杂，人员甚至会有些复杂。不同人的生活背景、人生经历、思维方式、认知程度等相异甚大，所以对朋友圈里的内容应该慎重分析与筛选，对不同的观点与看法需要认真比对和反思。若过多摄入虚假信息则容易让人迷失方向。

许多时候，朋友圈让人陷入要么总是羡慕别人，要么处心积虑让别人羡慕的双重尴尬境地。不少人已认识到发朋友圈信息和阅读朋友圈内容变得越来越无趣，还花费了许多时间，影响了自己生活、学习、运动的正常秩序。不再沉迷在朋友圈，可使自己的生活更充实、更丰富、更快乐。

（3）注意：**朋友圈里的人不一定是朋友，更不一定是真正朋友**！他们或许是善于批斗他人的高手，擅长审判式说教、凭空指责与主观判断他人的人；他们或许是冷漠刻薄的旁观者，也可能是阿谀奉承者。这些人太可怕了，我们必须警惕他们的敌对性，但要分清朋友圈中敌友是很难的。

朋友圈的半虚拟性质告诉我们：朋友圈绝对不能代替现实生活中面对面的陪伴、倾听与交流，不能完全代表真实的情感。应该当面亲口及时告诉对方的内容不能只在朋友圈中一发了之，尤其是亲人之间的话更不能只放到朋友圈中而不肯当面亲口说。

应该当面告诉父母的喜难郁痛之事只发在朋友圈里，是对父母的伤害与不尊重。要知道父母才是你真正的依靠和永远的真朋友，其他的所谓朋友也可能只是一时一事的。

朋友有真伪之别，朋友也有亲疏之分，把握好很重要。赐人为真，防人之伪。

四、不义之人

不义之人往往是取不义之财、做不义之事、说不义之话的人，故不义之人是不可做朋友的。这是做朋友的底线。

不义之人往往混迹于朋友圈,利用朋友圈或冲着你轻易认定朋友的善良而耍无赖,或玩弄好人的为他精神。

例如,有人以各种借口不断向老同学和朋友借款,每次只借五千元以下,但是多年以后借款者仍然没有归还的迹象,当今还是比较普遍存在的。因为借款者十分清楚被借者当时的想法:借的钱款数额适中,远没有让被借者"伤筋动骨",不会影响他的生活;鉴于同学情、朋友情,被借者也不会撕破脸皮向借款者讨要还钱的善良心态。因此,只要借款者开口,几乎所有人都会借给他,借款者借钱的目的轻松得逞。

其实,这种借钱不还的借款者往往从借款念头产生开始时,就没有打算归还借款,考虑的只是借款的数额和借款对象。这是一种有计划的诈财方式。

借钱不还者是不义之人、无赖之人,应该断绝和他们的朋友关系。因为借款者在用心骗钱,不在乎自己的诚信丧失,不在乎别人对自己信任的丧失。但是会使被借者受伤,被借者感到自己利益被侵犯,自己帮助他人的一片好人之心被利用、被欺骗,而难以释怀。

借钱不还,这一条就足够一票否决这个借款者是一个好人。

现在,利用好人帮扶他人的同情心善良心来骗钱诈财的人越来越疯狂,手段隐蔽高端,方法五花八门。让善良的人防不胜防,不经意间就上当受骗。所以充分理解真正朋友的定义,通过关键事件和一段时间认真鉴别什么样的人才是真正的朋友,的确很重要。结交真正的朋友,尽量和控制不了自己情绪的坏脾气人保持距离。因为许多不义之人会让我们陷入尴尬或危险之中。

拥有一位可信赖的真朋友太难了,但又很幸运也很重要。

第五讲
倾 诉

好人的为他人着想又不图被报答,在精神层面上的重要表现是**让人尽情倾诉,自己又善于倾听与陪伴,使对方有收益、得快乐。**这是一件容易又十分有价值的事,然而不少人却做不到。

第一节　倾　诉

每个人内心丰富的情感是永远真实地存在着的。情存于中,自然要发之于外。注意:倾诉只是把自己想说的话完全说出来,**倾诉不是讨论不是协商。**

好人为他人着想的一个必要条件是能耐心对待对方的尽情倾诉。换言之,不让人家把话全部说出来,打断、反驳他人倾诉的人必定不是好人。

一、倾诉简析

倾诉，是指完全说出自己心里的话，即言必尽。

（1）每个人的生活中必定存在酸甜苦辣和喜怒哀乐。有人提出"痛而不言，笑而不语，迷而不说，惊而不求"的处事态度。笔者认为这种提法不当，因为这并不能说明你的刚强或稳重，仅仅是你的自我忍受和情绪压抑，是你躲避、转移与控制的行为。你不愿倾诉、不会倾诉就是在折磨自己，完全没有必要不言不语不说不求，这会伤及你自身，何必呢。

笔者奉劝你把这个处事态度更改为**"痛就倾诉，笑就放开，迷就倾听，惊就求助"**的生活准则为佳。不必否认自己内心的真实感知，想倾诉应该尽情地倾诉，不必隐藏，不必伪装，不要独自忍受。**有屈要叫，有怨要诉，有哀要吐，有乐要分享，有情绪要发泄。**不管你是谁，不管你多冤多痛，都痛快地倾诉吧。

（2）一个人的不良情绪不能过度积累，一定要合理发泄，适当释放。通过合适的场合在合适的时间用合适的方式进行倾诉，是保持自己心态平衡、情绪平和、生理健康的有效方法，这才是正常的人生。这也是倾诉价值所在。

倾诉者涉及各个领域各个年龄段的人，有生活无着者，有精神颓废者，有被遗弃的孤独者，有被欺凌、被讥讽、被冷漠、被菲薄的人等。

身处绝望、精神崩溃的境况，深感活着太痛苦、太受罪，想早点结束自己生命的人,人们就应该主动地鼓励他们尽情地倾诉、尽力地发泄,并做他们忠实的倾听者,这样可以修复他们对自己生命的希望和信心。这是为他人生命着想的善事,让其言必尽正是治疗他们压制自己负面情绪又不知及时释放的心理问题的方法。

(3)倾诉的方式是多种多样的。很多人在网络平台上调侃吐槽;有人对着逝去亲人的坟墓或遗像诉说;有人面对大海或站在高山上大声呐喊;有人对着沙袋猛击来宣泄;有人通过文字、音乐、美术等倾吐;有人以丰富的面部表情和肢体语言来倾诉;有人通过哭泣宣泄自己的情绪;有人通过微笑或开怀大笑来表达自己的情绪。笔者认为有效的倾诉方式之一还是**向自己信得过的、又愿意真心倾听自己倾诉的好人面对面地畅所欲言、淋漓尽致地倾诉。**

二、倾诉的意义

(1)倾诉的意义在于,通过**倾诉可以实现一种自我拯救**。

语言在倾诉交流中具有很强的心理治疗功能。一个人只要肯说话愿倾诉,口头的或文字的倾诉都可以使自己的情感释然、思维更新,从而获得缓解。

通过倾诉可以发泄自己内心的痛苦、解脱烦恼、释放怨恨、缓解压力、舒畅心情,平静焦虑或过度兴奋的情绪,而获得安宁,使倾诉者保持心理健康,生活愉快。

　　例如,武汉一退休女医生在她儿子不幸身亡后的几年仍然无法释怀,思念儿子的她反复拨打儿子生前用过的手机号码成为她的生活的习惯。突然,有一天这个拨向"天堂"的电话通了,一位小伙子接通了她的电话,两人联系后发现他们有着无数惊人的人生巧合。于是她与他互相倾诉着,也倾听着。在倾诉与倾听中交流与关爱着,两颗濒临破碎的心彼此都获得了一丝慰藉,寻到了内心的平静,获得了一段难得的缘分,相互间用真诚与爱心关心着,这就是倾诉与倾听的魅力所在。有人能真诚倾听自己的倾诉,使倾诉者感到欣慰和真情,这就是倾诉的意义所在。

　　又如,一家假发义乳商店的店主说:自己将本店开在肿瘤医院旁边的目的,一是为肿瘤患者选购提供方便,二是更多地给肿瘤患者提供一处倾诉与交流的场所,给他们一些心理慰藉和尊严的寄托。因为假发和义乳是患者尊严的寄托。因为倾诉与交流能使他们精神轻松,增加生活的信心。

　　再如,许多空巢老人孤独至极,每当有电话打进来时,他们都很兴奋。不管对方是诈骗者还推销员,老人都愿意听也愿意说,问这问那热情异常,甚至愿意按对方要求转账或购买所谓的保健品。乐意与这些陌生人对话,正是老人们渴望倾诉的表现,消解自己的寂寞、缓解自己的孤独、寻求自己的尊严。

　　总之,倾诉是在聆听自己,倾诉是在倾听自己内心深处的声音,认知自我,尊重自己,接纳自我,关注自己,找到既真实又更好的自己。

（2）倾诉的意义在于倾诉是自我反思与学习提升的过程，可以改变自己的定势思想，弥补自己的思维盲点。

在倾诉过程中，只要不是一叶障目、充耳不闻，又有点自我聆听与反思能力，总会被倾听者的真诚真情与思维的高度所感动，学会与他人真诚、平等而平静的交流沟通，学会善意专注倾听他人的倾诉，不会预筑"我和他有代沟"的屏障，让自己也变成善于考虑到他人的好人，真正感受人与人沟通的温度与好处。

倾诉者在和善良的倾听者交往中可以获得另一种思路，为自己的心灵打开另一扇窗，说不定旁观者的一句话胜过自己几天或许几年的苦思。助力梳理自己的情感，破解自己固执的思维，更深层次地看清问题的本质，使自己建立起一种崭新的思维方式与人生观点。燃起自己对生活的热爱，对未来的憧憬，对生命的尊重，对好人深度的理解。

（3）当然，要使倾诉具有这些意义，倾诉者必须真诚，必须实事求是，不掺假不做作不矫情。否则倾诉者依旧空虚，而倾听者的感受像是被耍了。显然，倾听者也必须是真诚的，有耐心的。

由此可见，倾诉的人生意义是不一般的，总带着点快感，总是有点释怀感。当然，倾诉也要讲究语言的技巧和倾诉的战术。

（4）倾诉者追寻被倾听，就是在追寻自己的快乐，也让倾听者有快乐。**对你尽情地倾诉,是倾诉者对倾听者的最大信任与尊重**,也给倾听者提供了一次为他人着想的践行机会。倾听者应该充分珍惜这份难得的真情。

倾听人的真情表现在倾听时耐心一点点、专注一点点、温柔一点点、同情理解倾诉人,这对倾诉人意义非凡。反之,长期倾诉不畅是很危险的,倾诉人容易产生焦虑,甚至会发生意想不到的事情。

三、无知与无能

不愿倾诉是无知,不会倾诉是无能。两者都是在折磨自己。

(1)有些男人就是对倾诉无知又无能的典型代表,他们还信奉"男儿有泪不能轻弹,男人有话不能随便诉说"。当今很多男人外表佯作刚强,有痛有话强忍着,对待别人谦让着宽容着,自己有疑惑与不解也不说不问。这些男人有点蠢,蠢得可怜又可悲。

奉劝人们要给男人足够倾诉的机会,鼓励男人尽情地倾诉。男人自己要懂得倾诉的意义,应主动寻找可以说说心里话的好人并充分地倾诉,才可使自己真正刚强。人们对男人的期待高过女人,对男人的宽容又少于女人。人们只要求男人自己直面现实与困境,直面自己,所以男人往往过得太难太苦。

奇怪的是目前竟然有不少男人和女人都不愿倾诉或不会倾诉。

（2）对倾诉意义无知的原因或许有：

有人否认自己内心的真实感受，否认自己的生活中存在欢乐与烦恼、骄傲与压力等，认为自己没有倾诉的内容。他们不明白这种心理并不能说明一个人的独立与强悍，只能说明这个人不敢面对自己与现实，陷入自以为强大到能超越所有的可笑、无知境地。

有人认为自己没有倾诉的必要。有痛有痒自我强忍，有喜有乐孤芳自赏，有怨有屈自我吞咽，受辱被侮唾面自干。自我封闭、固执己见、一意孤行、胶柱鼓瑟，坚持自己绝对正确。他们不懂得打破封闭、开放自我会生活得更美好。

（3）对倾诉无能的原因或许有：

有人追求过分的完美，耻于和人比较，缺乏足够的自信，又有较强的自尊心，而不愿倾诉。他们不知道世上是没有绝对的完美，不知道倾诉会让自己满意和快乐的倾诉价值。

有人秉性淳朴老实，害怕遇到一些善言能辩、轻口薄舌、鸮心鹂舌、出口伤人的人，又没有能力识别对方是不是愿意真心倾听自己的倾诉，故不敢倾诉。

有人因环境所迫或性格原因，不敢说话更不敢倾诉。各种情绪积压在自己心底，久而久之也许会转化为对生活的厌倦，消极自闭、忍气吞声、磨灭快乐、影响健康。

有人习惯以不说话不倾诉的冷暴力方式和别人相处。这是一种倾诉无能的方式,或是凶狠的手段和最坏的脾气。

自己没有能善于倾听自己倾诉的真朋友,对心理咨询又避之不及,对思想工作者还敬而远之,让自己孤身只影孤立无助,生活真是凄凉。

四、人微言轻

家,应该是充满关爱又能畅所欲言的地方。家,是我们心灵的驿站与港湾。

他在家中过得太不自在,人微言轻,过得紧张、拘束,时时怅然若失。在家中他说什么都是错,做什么都不对,一切都被否定。他得到的只有顶撞、训斥、责备,或冷嘲、轻蔑与不屑一顾,他确认自己已被家人瞧不起,在家中已是多余的了。在这个家里,他只能小心翼翼地生活着,愿望得暗暗努力着,文字得偷偷书写着,痛苦得慢慢吞咽着,说话得瞻前顾后着。他在家中被冷落、被无视,心愿无人理解,话语无人细听,关心无人领情。他的文字无人阅读,苦恼无人同情,病痛无人牵挂,恳求无人应承,喜悦无人分享。他最爱的家人和子女可以给别人宽容,却不会给他一点点的认同、问候和陪伴。他被伤得太深了,他在恐惧与自卑中挣扎,他想倾诉想发泄想抗争,却只得到"脾气暴躁"的反噬,他更冤呀。

在这样的家庭环境中生活,泪水、烦恼、郁闷、焦虑、伤心与怒火等长期积压而不能释放。他慢慢地被抑郁症状及心血管等疾病纠缠着包围着，心胸疼痛、全身疲软，白天傻头傻脑、深夜频繁的噩梦等各种奇症怪象久久困扰。他梦寐以求地想拥有互相尊重、温馨欢乐的家庭环境，但在长期无法倾诉、又抗争无效后，他多次绝望地选择过激行为，也选择过彻底堕落，整天在外晃晃悠悠，与认识不认识的人诉说着同一句话，或干着同一件事，以让自己累得彻底的方式来释放。他低声下气地屈忍着、自我吞咽着。

在这样的家庭环境中生活得太憋闷，怒吼咆哮无效，诉说抗争无用，他只能偷偷地用文字倾诉，和文字对话。他暗暗写下一些感叹文章，在文章里他倾诉得舒畅，不会被训斥得体无完肤，不会遭到狗血喷头，这是倾诉释放的一种方式，也是暂时摆脱人微言轻压抑感的一种方式。

在人微言轻的压力下，他只能怨恨自己太无能太老实。想想自小就不会和人吵架，他在任何受辱被侮时很生气又说不出半句话去抗争，只会以事后自己对自己倾诉的方式来发泄。

第二节　倾诉之难

倾诉还是存在一定的难度。倾诉靠自己，也靠倾听者。

存在着倾听者，倾诉更有意义。当然，这些倾听者应该是耐心又真诚地聆听自己的倾诉，否则倾诉者会宁可沉默而不愿倾诉。

一、倾诉之难

（1）倾诉的最大难点还是倾诉者自己。在"无知与无能"那一部分内容中已分析过这样的现象：因为倾诉者自己的无知，致使他们认为自己没有倾诉的内容，也没有倾诉的必要；因为倾诉者自己的倾诉无能，致使他们害怕倾诉、不愿倾诉。

（2）倾诉者的倾诉往往希望取得倾听者的呼应、尊重和理解，希望求得呵护和同情，希望获得心中的暖，希望自己像个孩子一样被哄着被护着。倾诉者并不希望回应的是讨伐、对立与冲突，并不希望被嘲笑被漫骂被说教被批斗被敷衍。遗憾的是当今很多人都没有认识到这一点，没有考虑到倾诉者的心情，也就不会认真地聆听，不会真诚地陪伴，只会做出一些无用的或抨击或顶撞或冷漠，或轻率地拒绝被关爱，致使倾诉终结。

倾诉的另一大困难来自倾听者及其态度。这在于当前很多人缺少能真正聆听自己倾诉的真心朋友，缺乏可以让自己绝对放心而能轻松倾诉的人。简言之，世人真正的朋友难觅。这或许是因为倾听陪伴者应该具备能充分考虑倾诉者的心声，又心沉嘴严富有同情心，还珍惜被信任被尊重等多项素养，但事实上做到这些都有点难度，其关键还是能考虑别人的人不多。

（3）很多人会轻易拒绝被关爱、放弃被信任被肯定。例如,很多父母常常叮嘱子女"吃好点""穿暖点""睡多点"等,但子女感受不到被关爱的甜蜜,却吼着"烦不烦""真啰唆"。子女这种厌烦情绪让父母感到害怕。子女不愿倾听,不愿做父母的朋友,则父母再简单的诉说也慎之又慎,以至于不会开口诉说。

(4)倾诉之难的再一点是,有人喜欢随时打断对方的倾诉,打断对方的谈话。这些人习惯强调人与人的观点可以不同,看法可以相异,自己也可以说。这没有错,但是你要充分尊重对方,尊重对方优先发言的权利,让对方先把话讲完,否则人家的倾诉就不会继续。

这些人总热衷于去改变别人,而不是改变自己。他们对倾诉者或指责过度,或劝说不当,导致倾诉者被吓退。

(5)倾诉之难还在于难以在家中向亲人尽情倾诉。在家中常常欲言又止,只好偶尔向萍水相逢的陌生人一吐为快,瞬间轻松,这也许是一种陌生人情结的倾诉。

亲人,是指有血缘关系的人及其配偶。家,是亲人聚集的场所。在家中,被冷漠被菲薄,亲人没有倾诉的机会,会使人害怕、焦虑、心痛,会越发妄自菲薄,越发恐惧不安。长叹:这些亲人是不是真正的亲人? 太可怕了。

(6)病人的倾诉更加困难。病了,难的不仅仅是身体的病痛,更难的往往是病人的倾诉之难。这种倾诉之难就是无处倾诉、无人倾听、无人陪伴、无人问候。例如,有人以"我过来看看你、问问你没有什么用的,你照样病着痛着"为由拒绝倾听、拒绝探望病人,草率地扼杀了倾诉人的倾诉。

慰问病人,对病人关心的表达,直面探望的意义远大于电话问候;经常亲自电话问候远大于不见人影、不闻声音的只字短信;针对病情不计时间耐心专注地倾听病人的倾诉的作用远大于空洞的劝词与毫无意义的说教。

面对无情的冷漠者的冷若冰霜,面对颐指气使的医者的惜字如金,病人大惑不解又不敢倾诉。

总之,**倾诉与倾听好似孪生兄弟,互相依存着,需要倾诉者和倾听者一起参与**,需要你情我愿,倾诉和倾听才有价值。然而大部分的倾诉之难就在于倾听者的不愿意倾听。

不畅不爽的倾诉,对于倾诉者来说,无异于雪上加霜的伤害。

二、精神障碍

产生精神障碍类疾病的主要原因是患者长期精神压抑,情绪不能充分发泄,想法不能尽情倾诉。

(1)精神障碍类疾病往往是因为在生活、工作中遭遇到变故、挫折、压力,或者因为长期受到别人的歧视、冷漠、菲薄等,在精神上受到严重刺激或重大伤害。如果他不愿倾诉,或不会倾诉,或无处倾诉,或无人倾听,则他容易孤独封闭,久而久之,精神发生突变,认为自己已陷入绝境,会出现各种精神障碍症状。

精神障碍类患者长期的气愤、委屈、惊恐、焦虑、害怕、悲伤、噩梦、困窘、压抑等精神创伤都是其发病的诱因，特别是精神紧张与恐惧。被过度溺爱导致抗挫折经磨难的能力差，以及孤傲的性格等都是发病的重要因素。

（2）精神障碍类疾病表现出来的症状有：或长期闷闷不乐、不言不语、妄自菲薄；或哭笑无常、言语错乱、胸闷心痛、大吼胡喊、自暴自弃；或焦虑、烦躁、猜疑、痉挛、绝望与心神不宁，胸口会火烧火燎般的难受；常常整夜整夜失眠，即使在十分困倦又有安眠药作用下入睡几分钟也会突然哭泣惊醒、冷汗淋漓、疲惫乏力……

尽管精神障碍类疾病患者通常没有器质性病变，但是这些症状会从生理到心理全方位毁灭，导致精神崩溃。从恐惧不安到恐惧一切，又恐惧自己，想骂人又想轻生或报复的极端暴力倾向明显。害怕接触许多人但又想融入热闹的人群。

主观认为自己患上精神障碍类疾病也是患此病的一种症状，应引起其周围人的警惕，多关注他多关心他，耐心倾听其倾诉。当然，精神障碍类疾病的最终确诊必须经过医疗机构的检查。

（3）精神障碍类疾病不同于其他病症，其临床表现复杂，症状重叠又交叉，检查有难度。例如，情感性精神障碍可分为双相情感障碍、精神分裂障碍、依赖性综合障碍、强迫性障碍、混合性焦虑障碍等，其中抑郁障碍症是大家熟知的一种情感性精神障碍。

情感性精神障碍症发病的机制目前尚不明确,也许有内因和外因两方面。生物学的基因、神经、内分泌等自身因素或许是内因。生活环境、学习与成长、工作与理想、人际关系、情感的纷争、家庭的因素等外因也可能引发情感障碍,或各种因素堆积后突然爆发。

这个世界有两成的人长期非常不快乐地生活着,他们容易产生情感性精神障碍。因为在临床上没有客观精准的生物学诊断指标,所以情感性精神障碍是很难精准确诊的。

如果一个人经常有负罪感、抑郁情绪、缺失快感、缺乏能量、精神运动性障碍、睡眠障碍,以及无法集中注意力、妄自想象被人抛弃,惶惶不可终日等主要症状,并且持续相当一段时间,大概可以被诊断为情感性精神障碍。

(4)家庭暴力是造成情感性精神障碍的一个重要因素。

家庭暴力有冷暴力、言语暴力、限制性暴力等精神性暴力以及行为肢体的暴力。

长期轻蔑、冷落对方,时时否定、鄙视对方,以及总是拒绝被关爱等都是冷暴力。言语尖酸、为人刻薄,顶撞、鞭挞、诬陷、侮辱他人等是言语暴力。限制他人说话,约束他人交友,控制对方经济等是限制性暴力。

处于这类精神性家庭暴力中的人,在家中没有话语权,人微言轻,长期被家人忽视,没有得到过家中任何一个人的肯定与赞赏等。这一系列的委屈与自卑让人长期处于压抑与恐惧中,容易产生情感性精神障碍。那时患者自然要发泄要释放,要抗辩要寻求解放。如果还有人指责患者脾气暴躁,则他会压不住心头的怒火,其精神障碍症状会急剧加重,甚至走向极端。

(5)主观认定自己已患上精神障碍类疾病是不理智的。或许是多心与猜疑,或许是焦虑与压抑得太久了,绝望与迷惘太多了,受伤与委屈太重了。

笔者曾接触过多位这类人,其中还有到处就医者,剃发出家者。我在多次耐心倾听他们的诉说后,发现他们并没有精神障碍症。只是他们对自己的现有生活有点厌倦,对未来有点迷惘,没能按照人生的自然规律生活,精神有点空虚,处事待人欠妥。

建议怀疑自己有精神障碍的人首先改变自己原有的生活与工作环境;该可以工作却还在读书的人尽早进入社会工作;该恋爱成家时就应充分享受爱情的美好与家庭的幸福;主动真诚地倾诉,寻求他人的支持与理解,等等,或许能阻止或缓解精神障碍症状的恶化。同时希望他们充实自己的生活,如有规律的体育运动与睡眠;参加一些社会志愿慈善活动;博览群书、交友拜师、学点手艺、找点爱好等,这些对治疗精神障碍症都有成效。

(6)精神障碍症患者的症状是客观存在的事实,不是矫情,不是装样子,也不是在故意折腾,确实是患者内心长期存在的苦与愤无处及时有效释放,无处倾诉、无处发泄而被长久积压着忍让着才造成严重的精神障碍。

精神障碍类患者的激烈情绪,应该引起大家对他们的关心与理解,不能责怪其脾气不好等。他们确实是病人,因为他们的状况确实很糟糕,且必事出有因,他们很痛。

许多精神障碍类患者的本性是很善良老实的,会谦让宽容,不会吵不会斗不会争。他们是很重情的人,会习惯性地为他人考虑,又是特别渴望获得情与爱却很难得到的人。

如果精神障碍类患者周围有不会为他人着想的坏脾气的人,只会居高临下地说教与训斥,或只会打断阻止患者倾诉,那么这个人患此病可能是或早或晚的事。

(7) 精神障碍类症确实是一种病!不是让患者忍受一下、自我调节调节就能过去的。

对于精神障碍类症患者的治疗,精神治疗是第一位的。精神治疗就是给患者的抑郁与愤怒情绪找到一个可以疏通的渠道,找到一位能倾听患者倾诉的倾听者,使患者能尽情地倾诉、放肆地发泄,获得理解、同情与安慰。同时给予患者一定的药物、医疗治疗与体能锻炼治疗。

面对有精神障碍类症状者,我们应该保持足够的敏锐,主动去发现,专注耐心地倾听完他的全部倾诉,千万不要和他争执,千万不要忽视他、否认他、疏远他,不要不闻不问。应该主动陪伴他聊聊天、喝喝茶、散散步与就医诊疗;接纳他的怒火与咆哮,理解他的痛苦与伤悲。这样的你绝对是为他人着想的好人,你考虑到了患者的自尊、情感、需求与存在,反之往往容易使精神障碍类症患者的病情加重。

如果社会上每个人都能敬重他人、考虑他人、理解他人，那么就会减少或避免许多人成为精神障碍类症患者。

精神障碍类症，始于倾诉被压制，愈于倾诉被释尽。

第三节 遗 嘱

遗嘱是立遗嘱人最后的倾诉与释放，也是对恩人最后的感恩。

遗嘱，给逝者以宁静与尊严，是敬畏生命、尊重死亡的一种智慧。

好人遗嘱是对自己身后延续再为他人着想的嘱咐，是爱的伸展。

一、遗嘱简析

人健在，遗嘱无效。

（1）遗嘱是一个人在生前向有关人员交代自己**身后**的各种事情如何处置留下的嘱咐，有立遗嘱人想说的话想做的事与意愿，以及自己做不了的事。这是必要的，是对自己意愿的尊重，对生命的敬畏。

遗嘱有精神型遗嘱、物质型遗嘱及其混合型遗嘱。

好人对自己身后继续为他人为社会着想的遗嘱，以及先人对后人的期望等都属于**精神型遗嘱**。

自己的房产所有权、收藏品的物件、自己的财权与债权等遗产分配的处置,自己的著作权等知识产权的归属,自己遗体的处理等遗嘱是属于**物质型遗嘱**或**混合型遗嘱**。

遗嘱是立遗嘱人一生对人生哲理的梳理,也是对恩人最后的感恩;又是立遗嘱人一生酸甜苦辣、爱恨怨辱等情绪积压的最后倾诉与释放;或许还说明立遗嘱人已做好自己生命终止的心理准备。

遗嘱,表面上看似冰冷,实则温热。不少遗嘱中充满着爱,洋溢着为他人为后人为社会的精神,所以立遗嘱是智慧,是远见。

(2)按继承法规定,遗嘱有五种形式:公证遗嘱、自书遗嘱、代书遗嘱、口述遗嘱和录音遗嘱。它们的遗嘱效力等级相同,其中公证文书具有准司法文书的效用。如果同一事件存在多份遗嘱,则应该以最后一份遗嘱为准。

遗嘱多见于家庭遗嘱。家庭遗嘱是老人为了子孙们的亲情延续与家庭和谐的嘱咐,也是对子孙人品的鉴定。

这里,把对自己身后再为他人着想的嘱咐,不妨称为**好人遗嘱。**

遗嘱的本意是对自己身后的各种事情请有关人员处置的嘱咐。如果自己生前就去完成其中的部分自己身后事,则是立遗嘱人的一种积极的人生态度与理性的思考的表现。

(3)人去世后,所留的遗嘱才有效,活着的人应该尊重该遗嘱。

尊重死者为大的习俗。若有人对死者所留的遗嘱攻击、批判与否定,那都是毫无意义的,再诽谤、拒绝也无用。

先人的遗嘱太值得后人学习与借鉴。后人理应认真阅读与品味,并充分理解其遗嘱的意义和价值所在,认真完成先人的托付。后人真诚接纳与完成先人的遗愿是对逝者的尊重,是在为逝者着想,更能勉励后人自己。

立遗嘱要趁早,不应该在死亡前夕才想到遗嘱,不必坚守生前不谈身后事的理念,其实自己处理自己的部分身后事是一件幸事。

二、生与死

生命的存在意为生,生命的停止意为死。

(1)生固然是美好的,死也未必是可怕的。**热爱生,正视死。**

生命不可能永续,因为在孕育生命的同时死亡也紧随其后。正确理解死亡就能珍惜当下的生。

生命无常,什么意外都有可能发生。在短暂而脆弱的生命中,应该为他人为社会留下点有价值的东西,让自己的生命有所值,活得美好又有意义。

生与死原本是在同一条线上的。死因调查员负责调查监测居民死亡的原因,其调查监测死因的资料是衡量一个地区疾病危害程度与公共卫生服务水平的重要依据。

人的生命存在着,的确很累很难。生活的压力、人生的坎坷、心里的烦恼与孤独,还会被菲薄、被诽谤、被嫉妒恨等,这些都会使人觉得活着真累、真没什么意思。如果熬到年老死去,则要忍之再忍,**忍是多么的痛苦。**

(2)遗嘱是让人明白**爱惜生命是一种生活的智慧**。遗嘱是对生与死深层次理解的表现。遗嘱不一定是对生的告别,不一定是一种不吉利的征兆,也不一定是自己懦弱与悲观的体现,更不一定是自己的绝望与主动放弃生命的厌世之举。

有一位教授在大学里开设《生死学》的选修课已有十几年。这门课是让人了解生死的问题,探知生死问题的神秘性,让大家明白生死的真相与本质,懂得敬畏生命。这门课会讲到什么是生,什么是死,还有灾难、器官移植、堕胎等,以及不考虑自己的生死而为他人的生或为社会做贡献的见义勇为的各种英雄行为,使大家对生死有个深入的理解,生有价值,死得其所。

他曾在某军工生产单位工作多年,每天工作在成百上千吨高危险炸药环境中,他没有考虑到自己的生与死。对大批量性能极不稳定的不合格易爆炸产品,他都亲自去现场销毁,这种销毁工作往往生死就在一瞬间,极其危险。在生死边缘徘徊几十次的他从未犹豫过。

家庭内外长期复杂的坎坷经历,长期积压的精神创伤未得到有效治疗,后来导致精神障碍症,没有引起亲人朋友的注意和关照。渐渐的,他对生命已经没有了感觉,对自己生命存在的价值表示怀疑，想到自己好像还有许多事情要去做，还有很多话要说，需要认真地留下一些遗嘱。

（3）临近过多次死亡边缘的人，能明白自己会随时死亡，心也就平静了，会坦然无惧接受死亡，不会多么畏惧。他们对生命的理解必定更加完整，不会再疯狂地追求所谓的风光、权力与富贵，不再虚荣与浮躁，对自己被否定被菲薄被诽谤都不会很在意。他们会更加爱惜自己的生命，有坚定活下去的决心，做个珍惜自己、懂得感恩的人，享受有限的快乐时光，合理处理好人生中一些精神上与物质上问题，所以遗嘱是一种和自己、和亲人、和他人的对话，字里行间既有对过去生命和生活的投射，也有对未来生命和生活的期许。

三、家庭遗嘱

家庭遗嘱中大部分是老人关于自己毕生积蓄的支配意见，看起来似乎仅仅是单纯的物质财富继承的遗嘱。其实不然，这种表面上是物质性的遗嘱的深层次意义，是对后代亲人的情爱传递和延续，是对后代亲人未来的牵挂和希望的寄托，故它又是一种精神遗嘱。

（1）家庭遗嘱是立遗嘱人为家中亲人着想的持续。有些家庭关系盘根错节、我友错位、恩怨颠倒，立遗嘱人为了避免当事亲人们对自己所立遗言的误解和遗产遗物的纠纷，为了维护受益人的权益和后代亲人们的和谐相处，才提出财产分配的方案和让后代亲人们深思的问题。

　　家庭遗嘱以一个家庭的和谐为目的,全面普及合法有效的遗嘱登记便是为了整个社会的和谐。家庭遗嘱的意义在于家庭和谐从根源上化解了社会矛盾与纠纷,弘扬敬老孝亲精神,促进子女自觉履行赡养义务,提升老年人的幸福感与安全感。

　　家庭遗嘱是立遗嘱人对给其陪伴、照料、关爱、孝顺的人感恩的一种表达。把遗产留给能利他、会尽孝尽责懂感恩的人,是对他们的肯定和褒奖。把著作权、收藏品等留给某人是对他们的信任和感谢。遗嘱中留给后代亲人的遗言是对他们怀存着信心和最后美好的期望。

　　家庭遗嘱可能是老人一生在子孙面前低三下四、忍辱负重、忍气吞声、退避三舍、噤若寒蝉、逆来顺受、唾面自干和受到无妄之灾的最终的怒吼与释放的方式之一。这种遗嘱是对家中的冷漠和极端利己者的一种鄙视与警示,是对不孝顺父母、不尽敬老责任和义务者的斥责。老人不愿意把遗产留给视恩为仇、没有亲情没有敬畏的人十分正常。因为以怨仇报恩德是一个人最居心歹毒之处,更是老人一生中受到从肉体到精神最痛的点。失去继承权的子孙应该清醒地认识到父母的爱才是最浓的,父母的情才是最重的;对抗父母是最歹毒的,感恩父母是最基本的。

　　孝顺父母要趁早,关爱父母应行动,尊重父母多沟通。

　　(2)遗嘱是立遗嘱人自己的意愿和决定,绝不允许别人与子孙的逼迫！不需要征得和通知继承人同意。

现实生活中,存在不少子孙逼迫身体健康的老人立下有利于自己的遗嘱的事例。注意:这类强迫性遗嘱是无效的！因为这是在抢夺遗产,也似乎是在咒逼立遗嘱人早点死去,真是太残忍了。

家庭遗嘱可以到遗嘱库立遗嘱,有现场指导和行为能力测评,遗嘱制作整个过程有录音录像与法律见证,并终身保管,待人过世后遗嘱即刻生效。能获得法律保障的遗嘱让人很放心。

八十余岁的老夫妻俩被子孙一次次或明或暗地要挟,不依不饶要求把他们的房子马上过户给孙子。老人们长叹着说:"孙子从不主动来看我们,连个电话也不给我们打,没有问候没有陪伴。""在我们还没有去世时就把房子留给孙子,我们多冤啊！我们如何了却残生。"类似的情况较普遍,让众多老人有了"防火防盗防子孙"与"防患于未然"的防范意识。这是老人们凄悲的倾诉！

有两位八十来岁的耄耋老人身体健康,却在金婚纪念日莫名其妙地遭到孩子的反诬和辱骂——"你们从来没有生养育过我""你们瞧不起我"。这和事实真相完全相悖的荒谬之言,让老人们的身体与精神彻底崩溃,十分失望。老人忍辱屈尊、低三下四给儿子写去几十封信,乞求沟通求和解、求还原爱的真相,但是儿子始终没有道歉之意,不见人影、没有声音、没有应答。老人突然明白:该自己办理后事了,该写遗嘱了,该抓紧处理自己的一些事情了。老人自己颤颤巍巍地去购买了死后安葬的墓地；整理自己一生的手稿、笔记、资料等，捐赠给有关档案馆；自己一生收集的收藏品、邮票钱币、上百年的家传书籍和遗物等，子女们没有一点兴趣，它们将会去哪里让老人心有担忧。

（3）老年人在生前万万不能提前急着把自己的财产过户到子孙名下！

不少老年人认为自己一生积蓄的财产迟早是孩子们的，就早早过户给子孙。结果往往事与愿违、后悔莫及，甚至会使老人的晚年无处安身。

我的一位好朋友非常老实，他早早卖掉自己的栖身之处给儿子买新房，结果儿子始终不告诉他新房在何处，老人居无定所漂泊多年，最后蜷缩在一家条件十分简陋的养老院——十几平方米的房间内住着八位老人。

显然，老年人早早把自己的财产过户到子孙名下，非常不利于保障自己晚年的合法权益，容易出现自己被赡养的风险，尤其是会影响到老人的晚年生活质量，还会造成老年人安全感缺失的创伤。这更是对自己的不尊重，也会导致自尊的丧失。

四、好人遗嘱

好人遗嘱是好人为其身后再延续为他人着想的愿望。好人不仅生前为他人着想着，而且还会嘱咐自己死后考虑他人，甚至为社会为人类未来着想而贡献自己一切的事项。这些都是精神型遗嘱。

例如,有些好人会立下遗嘱,在自己死亡后捐出自己的眼角膜或无偿献出自己部分有用的器官。其中就有被社会尊称为"无语良师"的好人,他们和有关部门签署了相关协议,无偿捐献出自己逝去后的遗体,供医学科学的教学和研究。这个协议是重量级的遗嘱。

英雄们为他人为社会牺牲留下的英雄事迹,也是宝贵的精神遗嘱。

又如,有好人会写下有利于提升人们道德修养的信函、文章、著作等,或对生与死的领悟,留给后人一定的精神财富。这些就是好人为身后利他的精神型遗嘱。

再如,科学家发明家们对自己一生在某个方面尚未能完成的学术研究提出的预测、猜想和展望,也是给后人给社会留下的一种特殊又广义的遗嘱,对科学发展和人类文明有着深远而又积极的影响。

第四节　人生感悟

人的一生是短暂的,生命是有尽头的。

人的一生是快乐的,但是也有太多的无奈与曲折。

人的一生应是追求平衡的过程:动静的平衡、环境的平衡、心理的平衡。

（1）人的一生是由许许多多细节叠加而成的。日常生活中点点滴滴的细节积累让你具有了良好的习惯，而这些良好的习惯正是你忘不掉改不了的个人素质，是你人生之基。或许你抓住了某一个细节的机遇，促成自己事业的成功或财富的积累，或许当时某个看似微不足道的细节失误，导致自己或他人一辈子的遗憾。历史已不可能改写，过去的一切都只能让它过去，然而过去却是一种记忆与回味，适当反思人生的过去是很有价值的。

（2）一群阔别几十年的大学同学相聚于母校老校区，看着熟悉又陌生的校园，抚今追昔。当年青春洋溢的激情岁月，当年很高淘汰率的学习压力，当年饥不择食的生活环境，当年下乡下厂与下部队的高强度长时间的艰苦生活，当年浓浓的师生情感……这一切历历在目，令人浮想联翩、感慨系之。

当年，我们相聚于一个温馨的集体，这是一种缘分，是一种情分。而几十年的分离、疏远又是无奈的。人要分离但情却难舍。这段师生情、同学情始终让我们魂牵梦萦，难以割舍、难以忘却，直至今天仍值得你我他的回味。

人生之短暂，弹指古来稀。今天，我们都已是两鬓苍白的老人，又相聚在母校，重温几十年前那点点滴滴的逸闻趣事，回味着当年热血青年的笑声，我们激动，我们快乐，开心至极浪漫万分，就如我们重返青春时代，享受着年轻时的浪漫。

（3）人到老年，有着更多的思考与反思，有着更多的人生感悟想倾诉。

人到老年,豁然理解:亲情与友情是如此珍贵,亲人与真正的朋友是何等重要,又是何等不易,我们应更加珍惜与爱护。亲情与友情都需要爱,需要爱的奉献与爱的接纳。爱的核心是处处有他人、时时有他人,自己的言语和行动都应让他人快乐与有收益。

好人是在考虑自己的同时必定都会去考虑别人、尊重别人、温暖别人、关心帮扶别人,以诚待人,以情感人。好人有着生而为他的利他精神。这种情、这种爱是人世间最美好最宝贵的。

人到老年,突然醒悟:人生是苦短的,生命是有尽头的;当一辈子老百姓是艰辛的,又是幸福的;人到老年更加珍惜生命与自由,真正认识到每个生命具有同等的价值,都很重要,都很珍贵;一个人如同一粒尘土,无论怎样飞扬、无论怎样喧嚣,最终还是要落在自家的地上;几十年经历人生的跌宕起伏、利弊得失、激流险滩、悬崖飞瀑,最终流入岁月的静静之河,返归平淡,光阴换回的是心静如水。人生一世,无论成功与失败、富贵与贫贱、盛荣与衰辱、欢乐与痛苦,都如自然流水,还是宁静方能致远。**过清淡的生活,读清新的书报。**宁静安详,方知花香。

人到老年,开始明白:孤独、寂寞、痛苦、失败、贫贱……或许是人生不可缺少的调味品。因此,善待它们就是善待真实的人生。我们要坦然地面对自己的平凡,只要自己奋斗过、追求过，失败又何妨，贫贱又何妨，因为**平凡与自然是最美的**！这就是老年人所领悟到的人生最实质、最内在、最根本的内容，这才是质朴无华又充满哲理的感言，把它糅进剩余生命的脉络，滋养生命、丰富人生。

人到老年越发感悟到：**放弃是一种豁达的心态**，是一种壮阔的胸襟，是一种灵魂的超拔，是一种精神的放松，更是一种人生的升华。**放弃是一种聪慧的选择**。放弃个人的恩怨，放弃那些虚情与假意，放弃那些仇视与报复，选择宽容与和解。**放弃是一种轻松的生活**。放弃对权力的角逐，放弃对金钱的贪欲，放弃对虚名的争夺。学会放弃是一种积极的人生态度，请懂得并实践：

放弃该放弃的是聪慧，放弃不该放弃的是无能，

不放弃该放弃的是无知，不放弃不该放弃的是执着。

（4）相聚是短暂的，但友情是纯真而长久的，而且这种情感必将会升华。在分别的时刻，互给一个微笑，让我们笑对自己过去的艰辛与重重压力中的挣扎，笑对自己一生的无怨无悔与善良正直，笑对自己一生考虑他人的酸甜，笑对自己被人菲薄与欺辱，笑对自己今后的晚年生活。互致一个祝福，祝福大家童心不泯，青春永驻，生活平静，幸福健康，因为青春的心境、平静的心态才是生命中一道不变的风景，因为健康才是生命存在的基础。

第六讲
倾听与陪伴

倾听与陪伴是给对方最好的关爱,其中倾听是陪伴的主要活动。

第一节　倾　听

倾听就是细心地专注地聆听,集中全部注意力聚精会神地细心听取。

注意:倾听就是倾听,不是和对方讨论或协商;**倾听者不是讨论的参与者,也不是协商的成员**。

好人为他人着想的重要一点是认真、耐心、细密地倾听对方的倾诉,其关键是让倾诉者把话彻底讲完,实现**言必尽**。显然,不愿倾听或不能专注耐心聆听的人必定不是好人。

一、倾听的价值

因倾诉者的存在,故倾听者的存在是必要的,且倾听得真诚才有价值。

(1) 倾听的价值首先是能给倾诉者以尊重与信任,以及欣慰与力量。

倾诉者的"我想倾诉,我要被倾听"的欲望是十分强烈的。倾诉者总希望有人能全神贯注地聆听自己的倾诉,且希望能获得点同情心,能理解自己的诉说,希望能获得点情感与言语上的理解与支持。倾听是陪伴的一种方式。

倾听者目不转睛地**目视**倾诉者,倾听他的倾诉,只要对方在诉说,倾听者就一直聚精会神地聆听着。其中倾听者的专注与耐心就是对倾诉者的尊重与信任。

倾听者愿意花时间与精力接受倾诉者的诉说与唠叨,并点点头表示理解倾诉者倾诉的内容,便可平静而温暖地抚平对方的烦恼与焦躁。这些足以说明倾听者是为倾诉者着想的好人,是认同倾诉者所倾诉的内容对他的意义与重要性,是对他的理解与支持。

其实,不少倾诉者心里的喜悦、委屈、郁闷、痛苦,以及无所寄托的自卑等,也只是想找人倾诉一下而已。他仅仅需要有一位可以信赖的倾听者,能认真听完他的倾诉就足够了。这类直面倾诉者倾诉的倾听,不妨称为**倾诉型倾听**。这是在精神上帮扶倾诉者。

当然,倾听者应该清楚:**倾诉者对自己敞开心扉的倾诉,正是对自己的充分信任与尊重。**这是倾听者的幸运,应欣然接纳并充分珍惜。

一家国医馆的医者秉承着"尽量让病人把话说完,听清病人说的每句话"的馆训,其意思就是让病人尽情倾诉,要医者细心倾听。训词的核心就是为病人着想。

戒毒人员往往精神颓废、沉沦于悔恨,甚至精神崩溃,自我放弃以致产生自残等情绪失控的情况。管理者真诚鼓励戒毒者尽情倾诉,并耐心倾听他们的心声,让他们摆脱这些阴霾,就显得格外有价值。

(2)倾听的价值又是能够给需要求助他人的人提供有效的帮助和切实的意见。

上述对倾诉者的聆听是倾听的一种常见活动,纯粹是为他人考虑的一种行为。如果出于为自己的某种需求(如要做出某种决定之前)主动去征求、倾听他人(如父母、师长等)的意见与建议,这是一种**求助型倾听**。此时,作为倾听者,你应该对倾诉者有一种敬畏感,要有"果仁者,人多畏"的态度,让对方能感到你的谦逊、诚恳、友情以及善于完善自己、追求完美的优秀品质。例如,球类比赛中的暂停,就是比赛球员求助教练,倾听指导的行为。又如,笔者曾多次奉劝大学生以这样的态度学会和思维超前的教授、长者为友,在大学期间至少应该和一两位可敬可爱的能面对面深度交流的教授成为挚友,主动倾听他的声音，学习他的思维，欣赏学习他的优秀人品，观察他独特的视角，聆听他更多适合你的指点。否则，若不去倾听欣赏，则真会遗憾许久，甚至也许会付出一定的代价或时间。

"能亲仁，无限好；德日进，过日少；不亲仁，无限害。"

（3）倾听的价值也在于倾听者能获得学习与提高的机会。

正常健康的社会不会只是一种思想、一种声音。

倾听的再一种活动是按"**三人之行必有我师，他人之言我要倾听**"的宗旨，倾听周围各种人的声音。倾听自己喜欢和不喜欢的不同声音，倾听同行和不同行的各种声音，倾听不同文化层次和不同年龄段的人的声音。父母倾听孩子的讲话，子女倾听老人的絮语，医者倾听患者的声音，老师倾听学生的发言，官员倾听百姓的需求，一方倾听另一方的看法等，以及倾听所谓局外人的谈话，尤其是专业科学工作者的意见，这些都很重要。这样的倾听都是在向对方学习，是在接受新的思维，增加自己思维的活力，为自己业务的创新和人生观的改变提供新的契机和途径。这就是倾听的魅力和价值所在。不妨称这类倾听活动是**学习型倾听**。当然，倾听也可能是有声的面对面的直接对话，也可能是无声的书面文字。

学习型倾听活动的一项重要价值是在倾听中可以为创新与科学研究提供新的思维或新的技术路线，会使自己的创新研究项目获得灵感，解决了困难、取得了成果。例如，杭州几家老字号中医中药房的肝病治疗的中药方剂竟意外发现治愈了甲状腺结节症。这是老字号医者倾听了成千上万患者多年的反馈信息后,就重点反复研究治疗甲状腺结节症的机理,经长期反复的临床实践,最终确定了独特的治疗甲状腺结节症的成熟处方。这就是医者倾听患者的倾诉而取得的科研新成果的典型实例。这就是学习型倾听的价值。

(4)倾听自己敞开心扉的倾诉,倾听自己内心深处的声音,倾听自己的记忆和历史,倾听自己的事业和生活、成功与失败,是一种享受,是一种反思与总结,不妨称之为**自听型倾听**。这种倾听自己的价值在于认知自我,反思自我,鼓励自我,接纳自我,欣赏自我,增强信心,更好前行。

追寻被倾听就是追寻快乐。

(5)倾听的价值远重于对方以辩驳与否定以及诽谤式的"劝慰"。

如果你打断对方的话是和对方诉说的内容无关,那是无礼无理、任性傲慢的表现。如果你打断对方的话正是对方诉说的内容,那是你急不可耐的敷衍。

当有人瞧不起你指责你的时候,如果另外有人能够倾听你陪伴你,那是格外宝贵的。

二、倾听的必要条件

人有一张嘴,其功能除了进食就是发声说话。人有两只耳朵,就是告诫人们要少说多听,"听"要两倍于"说"。

　　真正好人的一个必要条件是肯倾听会倾听。换言之，不肯倾听不会倾听的人必定不是真正的好人。真正的倾听又有许多必要条件，违背其中一条必要条件就不是真正的倾听，因此，有真正倾听能力的人显得异常珍贵。

　　倾听的态度往往反映倾听者的思想境界、道德水平、修养深度以及为他人着想的程度，期望自己成为一位好人就要先学会倾听。

　　（1）真正倾听的一个必要条件是真诚与真情。反之，没有真诚没有真情就不是真正的倾听。

　　倾听的真诚与真情很容易在倾听者的表情与眼神、行动与言语的细节中流露出来，如耐心度、专注度、交流沟通的主动性，以及是尊重还是不屑的眼神等。

　　（2）真正倾听的又一个现实的必要条件是耐心与等待。没有耐心不愿等待，也就很难做到真正的倾听。耐心即耐烦，意为不厌烦不急躁不怕麻烦，这是对倾诉者的尊重。耐心往往表现在能等待上，能等待则体现在能为他人着想的操守中。耐心还表现在温柔一点理解一点上。

　　倾听需要等待，而等待就需要有足够的耐心和时间，心神专注地**静静等待对方把他的话彻底讲完，让他言必尽**，不要打断他的诉说。这样的做法远比说给对方听重要得多，其意义非凡。

　　因为等待之后的倾听还是一种思想交换，可能会获得另一种思想，或许是一种超前的崭新思维，它远比自己单枪匹马苦思冥想更有效。因为等待之后的倾听有一种暖意，是对对方的尊重和欣赏，是给对方的信心和力量。例如，钱锺书和杨绛的爱情，就是被感动于深情款款的等待中的倾听和陪伴，两人间就是一种你说着我就一直专注地聆听着的美好状态。

（3）真正倾听的再一个必要条件是专注与直面。

不能专注地倾听是毫无意义的。有人在倾听时东张西望、心不在焉地敷衍塞责，目不视身地忙碌着和倾诉者无关的事情，这足以表明那人根本没有倾听的意愿，则倾诉者心里肯定会难过，容易认为自己被蔑视被菲薄，故倾诉也会戛然而止，倾听活动自然停止，倾诉者对倾听者的信任与尊重瞬间丧失。

专注的一个表现是直面的倾听，面对面的倾听具有即时的冷暖效果与真情的表露。不是直面的、不见人影又不闻声音的倾听不是真正倾听，因为这似乎缺少了许许多多该有的东西。

（4）真正倾听还有一个必要条件是非善辩、非诡辩、非否定、非对抗和不评判。换言之，以完全不符合真相的个人主观的判断，用对抗、诡辩、否定他人的倾听绝对不是善意的倾听，这是一种**暴力倾听**。

显然，人们更喜欢心思专一善于静静倾听的人，而非善谈者，也非善辩者，更非诡辩者。人们当然不喜欢善于否定、辩驳、批斗、诽谤对方的那些所谓的倾听人。因为否定、辩驳、批斗、诽谤他人是毫无价值的，也会严重伤害对方。因为倾听、敬畏、理解、宽容别人的人是一个高尚的人，一个纯粹的人，一个有道德的人，其价值很高。

（5）有人沉溺于极端自我中，只关心自己及自己要说的，抱残守缺，闭目塞听，拒绝倾听他人的任何声音。这类人只会排斥与顶撞，不知道珍惜和包容；只会诋毁与对抗，不知道审视和包容；只会张狂却不知道低调。这些都是倾听的大忌。

静静倾听，用心感受；感受你们，反思自己；互相温暖，一路同行。只有认真聆听，才能真正听懂对方的内心，才能真正为对方着想。

三、呼　应

呼应，就是一方呼另一方应，一方问另一方答，一方诉另一方听。

呼应是基本礼节，呼应是一种柔和的语言对话、平静的思想交流，是双方思想融合的过程，互相沟通，互相联系。呼应是心平气和式的讨论、和风细雨式的互动，是互相考虑着对方理解着对方的交流。

倾听与陪伴需要呼应，即使没有言语的互动，陪在旁边做个伴也行，那时的呼应就在静静而专注的眼神交流中，在甜甜微笑的神情呼应中。也就是说，同情之心与善解之意的应答就是呼应，这种呼应应该是在安慰倾诉者，理解其意，解人心结，扶助对方重树自尊和信心。

呼应还是对倾诉者的一种尊重和敬畏，一种理解和鼓励。呼应是双方之间的一种接纳和慰抚。

遗憾的是不知呼应不会呼应没有呼应的倾听者比较多，他们把自己当作讨论的参与者，却忘记了自己是一位倾听者以及倾听者应具有的必要条件。他们让倾诉者感到可怕，后悔自己的倾诉太轻率。

只有呼没有应，生命就会终止。 人家为你着想，你却没有反应，情感与关爱将会消失。

善于呼应能达成共鸣，更凸显倾听与陪伴的价值，对双方都有益。

四、倾听之乐

我的倾听是这样的。在任教的大学里，时不时有学生登门找我倾诉，有的是在教的学生，或已教过的学生，也有我没有教过的青年人。他们或生活迷茫、或学业困惑、或失恋失友、或受委屈被冤枉等，甚至痛苦至极想要自尽，主动找我哭诉。来者常常是一进门就趴在我肩上痛哭，我轻轻拍着他（她）并擦去他（她）的泪水。歇息一会儿后，我拿两支棒冰或几颗糖给他（她），放上一包面巾纸，他（她）一边吃一边说，把自己所受的委屈全盘倒出，时哭时笑。在这一个小时、两个小时的倾诉中，我把注意力全集中到倾诉者身上，目视着不厌其烦地静听着，不时微笑着点点头鼓励他（她）可以毫无保留地继续讲下去。我没有打断他，我几乎没有说话，只偶尔插上一些"是的""理解"等语给以呼应，在感情上给予对方支持。最后我询问对方需要我做点什么、说点什么时，倾诉者却说："老师，您不需讲什么了。谢谢您让我把一切都讲出来，谢谢您静静地倾听我诉说。我已明白自己该如何生活，我已很舒畅了。"他（她）笑了，我也就放心了。然后我送他（她）到车站，看着他（她）轻松而自信的身影远去。

这很清楚，其实倾诉者并不需要从别人那里听到什么，不需要被说教被辩驳。他（她）所需要的仅仅是一位友善又认真的聆听者，只在乎他（她）自己的自尊与倾诉。他（她）渴望有人特别是长者能认同、理解。这种宣泄释放法能排泄毒素、稳定情绪、健康生活。当然，如果有必要，倾听者可以针对对方的问题略加分析，稍谈一些自己的看法供对方参考。或许可以给倾诉者多一种思路、一种思维方式。但一定要选择适当的时机与恰当的语言语调，否则会适得其反。

他们认为我是他们最可信最喜爱的老师，我能作为他们倾诉的倾听者，深感幸运与安慰。我以自己的真诚与亲和力专注力使他人解开心结、重振精神、重拾自信、获得快乐，这让我很有些成就感。这或许是倾听的价值所在，也是我这辈子最开心又骄傲的几件事之一。

专注倾听他人的倾诉，使他人开心，我也就开心。

你要倾诉，我会倾听，因为我是一位会考虑他人的傻乎乎的人。

懂得倾听的好人理应受到人们的敬重。

第二节　陪　伴

陪伴，就是同特定的人做个伴。陪伴，就是心境安宁、真诚、专注、主动地陪在对方身旁，微笑着和对方说说话，喝喝茶，牵牵手，打打球，下下棋，爬爬山，逛逛街，跑跑步……陪伴，是把自己最有价值的东西（时间与精力等）给予对方，倾听对方的倾诉，陪伴对方走出困境，树立信心，获得快乐。

陪伴很容易，也很快乐。问候很平常，也很暖心。

一、陪伴的价值

陪伴与倾听是给对方最大的关爱；问候与耐心是给对方最好的礼物。

（1）陪伴的核心是爱和能量的传递，是在乎对方，是在为他人着想。

陪伴可以使快乐与微笑得以传递，给他人鼓励与信心。陪伴可以让困难与痛痒得以分担，和对方风雨同舟。陪伴可以给对方愉悦的享受和相当的收益，分享你的快乐，分担你的痛苦。这些正是陪伴的意义所在。

每个人在生活与事业中都需要有人陪伴。女人需要男人为依,男人需要女人为伴;子女需要父母的呵护,老人需要子女的陪侍;一位从事创新发明的科学研究工作者,往往需要老师的导引,需要团队同事的合作,需要和他人进行学术思想上的交流;一位商人,往往需要伙伴的合作,需要许多客户与朋友的帮衬;一位病人需要心地善良、医术精湛的医者的治疗与陪护……

一个人在精神上更需要有人陪伴,在迷惘时需要有人指点,在孤独时需要有人陪伴,想倾诉时需要有人认真专注地倾听。这是心理上的陪伴,陪伴活动的主要内容是善意地倾听。

例如,一位小伙子从麦当劳买了两包薯条,在门口挨着一位素不相识的乞讨老太太坐下,递给她一包薯条,两人边吃边聊了一个多小时。事后小伙子说:"坐下来陪伴老人,可以让她知道,这个世界上还有人是很在乎她的,让她消除孤独,建立自信,有尊严地活着。"

(2) 陪伴是行善尽孝的行为,也是尽责任与义务的行为。

依恋,就是对对方的留恋,是被陪伴者和陪伴者之间的一种爱的互动,互相不忍舍弃或离开。儿童对父母的依恋是天生的、是自然的,子女对父母的陪伴却是一种责任与义务。

那些叛逆行为,原因其实很简单,他们仅仅需要被关注被尊重、被陪伴和理解。

进入未成年人教养管理所的孩子往往有违反法律的行为,其原因或多或少和家庭环境、家庭教育有关。但是这些孩子在管理所里仍然会望眼欲穿地期待父母按时来看望自己,他们仍认为这也是父母对自己的陪伴,看得到父母的身躯,听得到父母的声音,哪怕是呵责,他们也感到这种特殊陪伴的弥足珍贵。为了孩子,父母应该多抽点时间给孩子,多陪伴孩子。子女对父母亦然。

据调查,截至 2008 年,全国有两千多万留守儿童渴望父母的陪伴,两千多万留守老人渴望子女的陪伴。外出打过工,见过外面世界的许多年轻妈妈,因为对孩子的牵挂以及要照料老人,她们又返回老家,陪伴孩子,照料双方老人。这样,全国有众多留守妇女忍受着拮据与孤独。其实,她们也需要外出打工丈夫的依恋,而丈夫在外也需要妻子的陪伴。

大家明白,孩子与老人都是家中重要而平等的一员,都有自己的尊严与权利,应该让他们知道自己不孤单,没有被冷落。亲人的陪伴中总浸透着关爱,唠叨里总饱含着亲情与幸福。如果父母长久不能陪伴孩子,那么父母再忙碌也就毫无意义。如果中年子女**长久不陪伴年迈的父母、不回家看望父母,那么再"优秀"的子女也会被质疑其优秀。**

内心孤独又焦虑的独居老人生活煎熬,他们觉得日子漫长又空虚,越来越自暴自弃、妄自菲薄。没有人陪伴的、被子女遗弃的老人只能在无人知晓的角落里悄然离世,连最后的尊严都没有。

没有了陪伴便丧失了一世的血缘与亲情,可悲又可恨。

(3)陪伴是相互的,陪伴对被陪伴人和陪伴人都是有意义有收益的,其中借对方之智慧完善自己、提升自己,便可从中获得愉悦。

在陪伴中,被陪伴人会获得相当的收益,但陪伴人的收益也是很可观的,尽管陪伴人要付出一定的时间和精力。陪伴人在陪伴中或能使自己获取新的思维方法与沉淀厚重的智慧;或能感染对方豁达的胸怀和阳光的态度;或能体会到自己的真诚而认真陪伴对方,则对方会更真诚更认真地对待自己。

陪伴想要轻生者,救人一命功德无限,让陪伴人更懂得热爱生正视死的意义;陪伴孝顺的人,会使自己更深刻地理解感恩的意义;陪伴重情的人,会使自己更重情,更多地为他人着想;陪伴有悟性的聪明人,会使自己更机智、思维更超前;陪伴睿智的人,会使自己遇事不迷茫;陪伴谦逊阳光的人,会使自己轻松愉悦;陪伴能平等待人的人,会使自己获得尊重与欢愉。

生的快乐就在互相陪伴中。血缘基因是亲人间陪伴的缘由,纯正无价是师生间陪伴的本色,仁爱仁术、信任宽容是医患间陪伴的基础,相濡以沫、白头到老是夫妻间陪伴的内涵。

（4）在一场连续几天大雪后的一个傍晚,又恰逢除夕,我在学校田径场上活动,看到一个男生穿着厚厚的羽绒衣低头静静坐在大操场附近的高处。一个小时、两个小时过去了,他还是一动不动地缩在那里。大冬天这么长时间在室外坐着,我揣摩着男孩会不会想不开而做傻事,又担心他要冻坏身体。我上前几次询问他,多次请他起来活动活动,说说话,劝他该回家吃年夜饭了,但他始终不抬头不说话。我锲而不舍地哄他,我说你身体很棒,一定会跑步,会单双杠,你下来教教我、陪陪我。老天爷呀,他总算开口了,才知道他还是一个中学生。我说我爬上去接你。或许老人的真心感动他,他慢慢下来,同我肩并肩跑步,我俩同节奏边跑边说话。我说你是不是与父母闹矛盾了,他说:"你怎么知道?"我又说:"青春叛逆期的你不是和父母顶撞,而是在外静思,为父母考虑,真不简单。"他说:"你不知道我妈妈的脾气有多么的坏。"……这样,男孩的心情渐渐好起来了,开心地笑了,笑得那么的灿烂。因为有人聆听了他的倾诉,有素不相识的老人理解了他心中的不悦。看来,无偿为他人快乐陪跑也是一种志愿活动。

其实,当时我已跑完 3 000 多米,接着是我陪男孩还是男孩陪我跑步已不那么重要了,重要的是通过同节奏边跑步边聊天,让男孩解开了心结,获得了释放。后来有人说我主动多管闲事却挽救了一位少男,让他懂得尊重生命热爱生活。这件事是我一个人过年的重要节目,是给这位少男的新年礼物,也给我自己一个新年快乐,也让陪伴的价值尽显。

(5)有一家养老院推出"陪伴是最长情的告白""老少相伴、多代同楼陪伴"的公益志愿服务项目,向全社会招募年轻人入住养老院,提供极其价低而设备齐全的住房,另加每月参加一定时间的陪伴老人的助老志愿服务,如精神陪伴、聊天交流、画画写字、散步活动……

这个养老模式让热衷于陪伴老人的年轻人喜出望外,都积极参加,也深受老年人欢迎,为老少相伴提供条件。

如一位年轻人小杨和老人们的关系十分融洽,时常和老人们讲讲外面的事情，以及自己的工作与生活，还带着女朋友一起来养老院，同时为老人开办书画培训班。年轻人陪伴老年人乐此不疲真是太难得了，也让人敬佩。

有年轻人的陪伴，带给老年人青春阳光，减轻了老年人的孤独、焦虑及妄自菲薄的情绪，使老年人的生活丰富精彩起来，增强了对生的希望，给养老院增添了活力。

这些志愿陪伴老年人的年轻人或许是对老人的怜惜与关爱，或许是对老人的敬仰与折服。许多年轻人在陪伴老人的经历中认识到：许多老人就像小孩一样，淘气起来则十分可爱，而且也很活泼，思想也超前，带给自己许多欢乐和收益；老人们一生的阅历和对世事的深刻认识是年轻人极其宝贵的财富；更多地认识了人的生命过程而更加理解老人，更懂得"**阅人无数不如老人指路**"的意义。

二、陪伴的类型

陪伴有三种类型。一种是天生性的陪伴。例如，子女和父母有着血缘的关系，注定是一生的相互陪伴。二是机遇性陪伴。例如，夫妻间、师生间、医患间、同事朋友间、企业与客户间，以及路人之间的陪伴。三是和文字、运动、美食等相伴。

不管哪一类陪伴都应该让对方和自己感到有尊严，都应该获得愉悦和力量。为此我们应该**多说认同的话，多说宽慰的话，多说共识的话，多说商讨的话**。为此我们应该懂得对方,懂得对方的想法和喜悲。其中的懂就是对对方的一种理解和接纳,接纳对方这个人,也接纳对方的论点对他的意义。有这种懂的陪伴才有意义,才有效果,才会有心灵间的触碰,使情感升华,陪伴价值提升。真正懂得,不必多言不必刻意,无关功利无关风雨,而是实实在在、自然而然地理解。彼此懂得心怀感激,真情相伴而互相格外珍惜。

好人必会陪伴他人,不肯或不会陪伴他人的人必定不是好人。

三、陪伴的必要条件

如果你在乎他,那就陪伴他,就倾听他,就夸夸他、抱抱他、亲亲他。**陪伴是对他人的一种尊重与关爱。**陪伴是容易的又有一定的难度,因为陪伴必须满足一定的必要条件。

（1）真正陪伴的一个必要条件是**真诚与真情**地考虑对方,没有自己个人的功利目的。反之,若没有真诚与真情,陪伴就没有意义。

真正陪伴的又一个必要条件是**时间的持续性**,即陪伴是发生在一段或几段长度的时间区间内,其蕴含着耐心。反之,若只是瞬间蜻蜓点水,则不是陪伴。

真正陪伴的另一个必要条件是**主动性**,要**主动发起话题,主动问候,主动告知,主动分享**。反之,若问一句你十分简洁地回答一句,甚至是回答一两个字的被动式的无可奈何的对话,这种陪伴就一点意义也没有。

真正的陪伴,还有一个必要条件是**直面性**,亲临对方身旁,面对面有话语有表情有肢体语言的交流。反之,若只是隔空只字、隔靴搔痒、不见人影不闻声音的非直面行为,则陪伴就失去了生命力。

真正的陪伴,再一个必要条件是**专注性**,洗耳恭听被陪伴者的唠叨,静静看着对方的眼睛,静下心、定下神、留住时间。专注,必能让对方感受到陪伴者的真诚真情。反之,如果你心猿意马,又爱打断、辩驳,或干着其他不相干的事情,那么陪伴也就失效了。

真正的陪伴,更重要的一个必要条件是**平等与尊重**。若陪伴者总是带着不符合事实的主观性判断,居高临下的道德审判式教训,高调空洞地指责对方,或者一直沉默不语、不屑一顾地嫌弃,则必令被陪伴者反感与厌恶。这是一种暴力陪伴,必须停止。

(2)在对方因久被冷落而渴望有人陪伴时,不能认为对方是在矫揉造作而敷衍了事,也不要以"我忙""有代沟""不知道说什么""他们不会有事的,用不着我去陪伴"等各种借口拒绝陪伴。否则你就缺失了做位好人的基本素养。你的习惯性陪伴,或许正是对方求之不得的期待。

我们对对方任何非同寻常的言语和行为要有足够的敏锐与觉察,给予充分重视、理解的陪伴与帮扶,而不是去否认、回避,甚至怒斥或不理睬。

四、沟　通

沟通是通过呼应、共鸣等形式的对话,进行平等的思想交流,达成双方的思想通连,互相理解,形成共识与达到和谐状态。

沟通不是对抗不是辩驳,沟通不能是道德绑架式的说教。沟通应该是心平气和地推心置腹。陪伴是沟通的一个重要渠道。

会呼应能沟通是真正倾听与陪伴的再一个重要必要条件。不会和倾诉者呼应与交流的人不是真诚的倾听者与陪伴者。这不是什么个人性格的问题,而是倾听者与陪伴者心中没有为他人着想的问题。

(1)沟通可以分为**暴力沟通**和**非暴力沟通**。暴力沟通常见的表现是道德审判式的居高临下的训斥,空洞高调的指责批斗,带着主观而不符合事实的判断,话语尖酸刻薄或鸮心鹂舌,习惯刺伤对方的心,其实这种行为根本不是在沟通。

非暴力沟通的第一个表现是观察,耐心地静静倾听,不带任何判断的等待,然后是正视感受,了解自己和对方的真实需求,再是协商讨论。非暴力沟通是温良恭俭让式的互动。

人与人之间的**隔阂不能持续太久**,应及时做面对面的非暴力沟通,切忌暴力沟通。否则这些隔阂会伤害最爱你的人,也影响自己,会无谓消耗掉原有的亲情与爱。

（2）面对面的沟通，实际的人与人的对话，是一种直接的倾听与倾诉，是一种陪伴。沟通与对话中各自表达自己的想法与观点，了解对方的思想和实际情况，使彼此的思想得以相连通。在陪伴中沟通，在沟通中陪伴。

沟通，应该重视彼此的感受，千万不能怨恨、责怪、冷漠对方，更不能把对方当成仇人。**沟通，因彼此的存在而存在，因彼此的考虑而考虑。**

沟通是双方的，是自愿的、心平气和的，才有效果有意义的。如果沟通不畅，或出现对方拒绝沟通，只把怨恨埋于心中，或放大后晒到网上，那么不仅会让自己心寒失望，而且或许会让自己平白无故地陷入不义之中，自己的慈心善意则被轻易否定。亲情与纯真将会趋向于零。

在纠纷调解、人质劫持解救等危急事件中，95%以上的情况可以通过陪伴与沟通而和平解决。许多人员尽管显得有点愤怨、绝望或残暴，但他们还是弱势者。我们都应主动和对方沟通，采用柔性的方法，以陪伴沟通代替对抗，以对话理解代替胁迫。

倾诉是口说痛快，沟通也应面对面地口说。说赞美的话，说商讨的话，说幽默的话，多说些情感上的话，多些真挚的眼神对视，与别人呼应，沟通则效果就甚佳。

始终不予理睬、沉默不语是和人相处中最糟糕的状况，这时也就不存在沟通、倾听与陪伴。

五、陪伴的尴尬

陪伴的主体活动内容是倾诉与倾听的一种言语交流活动。

（1）在某些特定的时候，陪伴者只要不问也不说地陪在对方身旁，所做的就是静静地目不转睛地注视着倾听着对方。只有这样，陪伴的效果才佳。换言之，在这种情况时，勿扰他人，也是对他人的一种尊重。

例如，2014 年 3 月 8 日，马来西亚的 MH370 航班和地面失去联系；2008 年 5 月 12 日，汶川大地震；1976 年 8 月 28 日，唐山大地震等。灾难发生后，家属的煎熬、期盼、焦虑、悲伤、痛苦、孤单、绝望、猜疑……让人同情、理解。这时，陪伴的志愿者只要在他们身旁默默地陪同着、等待着便好。当遭灾难的家属主动找人倾诉时，陪伴者只要静静地凝视着倾听，或牵个手，或递张面巾纸，给予同情、安抚与信任的眼神即可。不必过多地劝说，也不要盲目地大谈希望或许诺。像"想开点""别太伤心了""没有过不去的坎""时间会带走痛苦的"等劝说都是徒劳的。"肯定不会有事的""会保佑的""会给你一个满意的结果"等安抚也显得苍白无力、无济于事。因为事情并没有你所说的那么简单，你也不能感同身受地理解对方的处境与感受，所以一旦你的愿景式劝说破灭，结果可能让对方更绝望更悲痛。

（2）另一种情况是陪伴者非常愿意陪伴他人，却遇到对方的拒绝，对方宁可守着孤独、独自吞忍痛与苦，也不让人陪伴。这让陪伴者十分尴尬。

笔者曾遇到疾病缠身至已在病危时刻仍然拒绝亲朋好友到他身旁探视问候的人。他不希望有人知道他的痛苦与狼狈，他只希望自己在孤独封闭的环境中独自迎接死神的来临。他认为这样才是最有尊严的方式，真可怜又可悲。拒绝被陪伴的人的这种生活态度，不仅无助于自己，让自己的生活过得凄凉，也暴露了他是不会考虑别人的，也从来没有爱过别人的真实面目。而且更伤害了陪伴者的心，给一批心中处处有他人的人践行陪伴带来一定的困难，人们不得不以"不便打扰他"为由停止陪伴。这或许是好人之难与累的又一写照。

每个人活着的意义**不仅在于考虑他人，还在于应接受别人对自己的爱**。这样，陪伴才可持续。

六、被陪伴者

任何一个人失去了被陪伴，就有被冷落被遗弃之感觉，或会陷入孤独、焦虑、抑郁等苦恼中，严重者可能失去生存的信念，这是很痛苦的。他们十分渴望被陪伴，迫切寻找陪伴者。他们**不怕被骗财，只怕没有人陪伴、没有人记得自己**。

（1）世界著名画家毕加索一生创作了几万幅画作。他很有钱，但他的晚年是非常孤独寂寞的。他明白身边的人都是想得到他的画从而致富,故他很苦闷,因为他连一个能说说话唠唠嗑的人也没有。

为了自己能有人陪伴,也为了保护自己的画作,毕加索请盖内克给自己家的门窗安装防盗网。毕加索发现盖内克为人憨厚友善率真,为他人着想,便请盖内克用更多的时间陪伴他唠嗑。这种陪伴唠嗑使毕加索将往日淤积于内心的苦闷倾诉得十分痛快,为自己找到倾听者兴奋不已。被陪伴,使九十岁高龄的毕加索精神矍铄,又进入一个创作高峰期。这就是陪伴的魅力。

毕加索认定盖内克是自己的真正朋友。他认为真正的朋友是不会占有他人的财物,只会负责任地做好保管工作的。毕加索说每一幅画作都有自己的心血,但仍将自己的几百幅画委托给盖内克代为保管。在得知毕加索无疾而终时,盖内克悲痛万分。几年后盖内克把毕加索的画作全部无偿捐给了国家博物馆。

原本素不相识的陌路人,因为真诚耐心的陪伴便可以成为靠得牢的真朋友。而原本血浓于水的血亲人,因为没有陪伴则会变成形同陌路的人。

(2)老人对子女有着强烈的依恋,有着被陪伴的饥渴,是掰着手指头数日子的那种望眼欲穿。例如,年过半百的黄姓男子坚持每周末专程飞越近四千公里去陪伴父母,就是为了使心灵荒凉的老人天天都有"到周末就有儿子陪伴"的幸福感,让父母活在希望里。

一位在外地工作的 IT 男在头一次休年假时,不去旅游度假而是迫不及待地回家,住完整个假期,陪伴独居在家的父母。这个儿子很懂得老人的心思,也很孝顺。在家从不睡懒觉,不独自玩电脑。每天陪伴在父母身旁,一同去散步爬山,一同去菜场买菜,一同烧菜烧饭。一边做这些事情,一边与父母聊工作、谈生活。了解到父母的喜爱与愿望后主动买了一台"iPad"送给父母,一起看一起玩,让老人玩个尽兴。被陪伴的老人很知足很兴奋,子女满足了老人对陪伴的需求,满足了期盼你常回家看看的心愿。就这么简单、就这么美好,这就是陪伴的意义。

"父母呼,应勿缓。"把时间多留点给父母,专注顺从地陪伴老人是暖暖的,也是最重要的,所以晚辈要好好珍惜陪伴父母的天伦之乐。

极难想象一位不愿陪伴自己年迈父母的人会是真正的好人?父母失去了子女的陪伴是何等的痛苦!

(3)被陪伴者由书籍、书写、运动、美食等陪伴,也是一件非常有意思的事情,其有着不可忽视的陪伴价值。

有时候,如果被陪伴者实在不想和人相伴,或者没有人陪伴,那么你以书为伴、以笔为伴、和运动相伴、和美食相伴等也是很不错的选择。同样也能让自己心情愉悦,身心轻盈。如撰写本书的过程中陪伴着笔者的就是书和笔,也希望本书能成为你很好的陪伴者。

例如,和美食的烹饪相伴也是一种享受。试想在一个没有饭局没有喧嚣的周末,小夫妻俩一起逛超市转菜场,一起洗刷、配菜、烹制。不管谁做什么,对方都左右陪伴着,不管陪伴着的美食好吃与否,双方都会用心品尝,因为这世上最好的厨师不是丈夫就是妻子。这种生活过程似乎平常平淡,但美食是陪伴者,烹饪过程也是陪伴者,夫妻双方是陪伴者也是被陪伴者,则其爱不凡,真情伴随。在炊烟面前,陪伴者的爱与美食一样流露自然。

当然,美食唯有用心烹制,才可齿间留香。同样,陪伴者唯有真诚相待,才能成为真正的好人。有真诚陪伴,简简单单,快快乐乐,真是好。

(4)乞哀告怜使自己能成为被陪伴者,渴望能获得真正的陪伴、真正的问候与关爱,渴望能轻松倾诉是正常的心理需求。当那人长期不能得到满足,还会常常遭到嘲讽或讨伐,或被胡说八道的"孤独也是一种享受"等劝说时,那人会更加郁闷,想抗争想辩解想倾诉,诸多情绪交织一起缠于其身而不能自拔,那人则自然容易患上情感焦虑的心理疾病。

任何人都会有焦虑的时候,适度可控的焦虑感可以使人充满活力和斗志。如果被陪伴者的焦虑过度,那么最重要的人——配偶和子女的及时陪伴、问候与认真地倾听他的倾诉,及时让他在情感上得到满足,让他的忧郁、愤怒、烦躁、不满充分发泄,才能有效解救他。

陪伴可以治愈情感问题或焦虑的心理疾病。

陪伴是平凡的,但是很美,会陪伴被陪伴者的任何平凡人都很美!

七、临终陪伴

（1）位于印度加尔各答的慈善机构——"仁爱之家"是由闻名世界的特雷莎修女创立的。仁爱之家有"垂死之家""老人之家""儿童之家"等分支机构，分别收留即将离世生命垂危的人，为他们提供临终关怀，以及照顾需要长期照料的老人与儿童。温州"90后"吴姓大学生在垂死之家当志愿者，面对痛苦和死亡的垂危病人，吴同学为他们擦洗、喂饭、端屎尿、清理各种排泄物、帮助做复健运动、陪伴聊天，等等，尽管志愿者的交通食宿费用全部自理，但是吴同学仍然感受到了或许一生也未必全能体会到的挫折、贫穷、死亡、友谊、关爱、孤独、成长……他说自己**最大的收获是懂得了陪伴的力量和发掘了自己爱他人的能力。**

（2）在生命最后时段的亲人，所想的并不十分关心自己的治疗，却**最渴望自己能有人陪伴、有人和他说说话，希望亲人们能牵着他的手，能顺从着他的话，能肯定他一点点的陪伴，**免得自己在临死前过得太孤单太凄凉。同时，对最惦念着的老伴，他（她）对子女轻轻地说："我死后，他（她）会十分孤独寂寞的，你们要花更多的时间陪伴他（她）。你们不要不和他（她）说话，也不要再和他（她）顶嘴吵架了，否则他（她）会承受不了的。"子女应该做的是满足他最后的这些要求，让他没有心痛没有遗憾地活到生命的终点。这是子女应尽的义务和责任，也是检视自己的时候。总之，**临终陪伴与顺从是对生命的尊重，也是以后对逝去亲人的一种记忆与怀念。**

宋姓女士在她母亲生命垂危期间，天天陪伴在母亲旁边，晚上母女的手一直拉着入睡。宋女士说，唯有这样拉着手，母亲才能睡得踏实安稳，她也一样。其实，这时的**老母亲就如婴孩**，母亲入睡时拉着她的手，正如当年她小时候拉着母亲的手才觉得安稳温暖一样。宋女士在微博上感叹：谢谢妈妈把我带到这个世界上来，给了我很好的教育，让我拥有那么精彩的人生；**谢谢妈妈选择我独自陪伴你到最后。**

不少人感叹：**牵手陪伴父母，珍惜亲情，才是自己一生中最珍贵的幸福；**有子女牵手陪伴至生命结束，真好。

（3）临终前的病人在冷热、呼吸、饥饿等方面都会出现异常，亲人不一定按健康人的习惯去照料他，更不要横加干涉，否则死亡的过程会变得更痛苦。亲人们只要牵手陪伴，静静守着，千万千万不要走开，就是最好的临终陪伴。

《最好的告别》一书的作者阿图·葛文德提出"善终护理"的概念。善终护理是让护士、医生、义工和亲人陪伴垂危病人，让他尽可能地充分享受生活，解除痛苦，还能感受一些乐趣，有生存质量地活到最终。善终护理是一种临终陪伴。

第三节　善　待

1910 年,西方为一个被看作无私奉献却又沉默寡言的男人群体设立了父亲节,定于每年六月的第三个星期日。

中国的父亲节为每年公历八月八日,简称为"八八节",谐音"爸爸节",它设立于 1945 年。"八八节"具有深厚的历史意义,以纪念在全民抗战中为国捐躯的爸爸们,"八八节"蕴涵着深厚的中华文化内涵,但现在知道的人不多。

我曾对我的许多朋友说:"明天是父亲节。大家都给你的爸爸与爸爸的爸爸打个电话,或者发个信息吧。这是情与爱表达的绝佳机会。"

善待他人,当然包括应善待父亲。

善待他人,需要倾听与陪伴,需要耐心与专注。

一、父亲节的感触

社会上对父亲与父亲节的态度让人感触良多,这里诉说一二。

（1）商界往往借父亲节之机大搞促销,推出不少销售活动。但老板们则感叹"父亲节的社会关注度不如儿童节,对消费的拉动远不如母亲节。父亲节的促销实际效果不大,倒是趁父亲节名义促销女性商品赚女人的钱为好"。父亲节遭受冷落,在其节日经济中体现得很明显。

父亲常常受到冷落,在其感情生活中也是比较凸显的。如今许多子女对父亲冷落,再到逆反、对抗、不理解不关心,甚至遗弃,父亲节时也不会问候。

作为父亲的男人,外表上似乎永远是轻松的。父亲对父亲节似乎从来都是"不屑"的,即便孩子主动提及,爸爸们多半只会说上句:"真的吗?"或者有几分拘谨和不好意思地笑一笑。因为男人天生是个"弱者","先天不足"而后天脆弱。

父亲会始终在物质与精神的各个细节上考虑自己的孩子,计划着他们的未来,哄着他们成长,在点点滴滴的言语行动中承担着父亲的责任,默默无私地付出,支撑着一家,甚至到子女成家育儿。父亲却从来不会想着得到子女的回报,也不曾想着子女为家作多大的贡献。这或许就是父亲的无声、深沉与笨拙吧,这或许就是润物无声的父爱吧,这或许也是好人为他人着想又不求被报答的反应吧。

(2)当子女成年成家立业并有自己孩子后,自己的父亲却已老去,面容苍老,皱纹加深,肌肉松弛,身影佝偻,步履蹒跚,而且老父亲的情感越来越脆弱,心理上越来越孤单,老父亲越来越想念子孙,越来越想多说说话,至于谈话内容是什么已是无所谓的。但是现实却是年迈的老父亲想看看子孙,只能在梦里;想倾诉对子孙的爱,却只能在心里。例如,老父亲给子孙去电话想说说话聊聊天,得到的回答却是"有事吗?快说!""没有事,我挂了。"……

有一位住院的老父亲每天躺在病床上仰望着天花板发呆，或望着窗外山峦发呆。他对病友说："如果子女能陪我说话一小时，我都可以给他一万元。"可见老父亲渴望子女能倾听他倾诉的迫切程度，以及老人内心的孤独与脆弱。

每一次父亲节，甚至父母的金婚、钻石婚纪念日，子女都没有问候、祝福。平日里，子女又是很久很久不去看望、陪伴老父亲，很久很久不和老父亲直接专注地说话，又从不问问老父亲的生活、健康与心情。偶尔一遇时也只有责怪老父亲这个那个，呵责老父亲"这个你不能说""那个你不能问""你不要管"等，一点不给老父亲留情面。老父亲傻眼了，这种阴霾久久挥不去。

这样，耄耋老父亲就处于一种极度害怕被子女厌烦、顶撞、呵斥、责怪、冷落、遗弃……的情绪中，老人怯怯地畏缩在一旁良久不语，想着从小抚养长大的子女，怎会如此陌生？仰天长叹！显然，子女对父亲的上述态度，对子女而言毫无价值，而对老父亲却是挥不去的深层伤害。看来老父亲乞哀告怜子女能陪自己说说话是不可能了。老父亲更加妄自菲薄，更加沉默寡言，不禁潸潸。

父亲老了，活着的日子屈指可数，身体孱弱，加上被子女瞧不起与遗弃，故父亲节对他已经没有什么意义。

二、给父亲的礼物

（1）在电话未普及的时候，父亲还能见到经常回家的子女,或子女亲笔写的书信,享受见字如见人的温情。电话普及后,父亲见子女的机会骤减,但还能在电话中听到子女的声音。如今父亲就很难很难能见到子女的身影、听到子女的声音了,偶尔看到子女的只字只言的却是印刷体字,还是在"朋友圈"中,他们早已把老父亲剔出"亲人圈"。

在老父亲眼睛还明亮时却不能经常看到子女,在老父亲耳朵还灵敏时却不能听到子女的声音。能看见子女人影听见子女声音就成了老父亲的一种期盼,也是最希望得到的礼物。

(2) 让许多子女们"犯难"的一个问题是父亲节应该给予老父亲什么礼物,老父亲到底需要什么? 答案就这么简单这么容易:

问候、耐心,是给父亲最好的礼物,

陪伴、倾听,是给父亲最大的关爱。

作为父亲的男人也有许多情感上的期盼和愿望,或许可能很沉重很遥远,或许也可能很简单。

女孩与女人是需要被人哄的,男孩与男人同样也需要被人哄的,而老父亲与父亲的父亲更需要被人哄的,渴望被爱、能被理解。

老父亲期望能经常见到自己的孩子,盼望子女能在他身旁专心地倾听他的倾诉,或胡扯交谈一些逸闻趣事,仅仅是说说话聊聊天而已,**有倾听者的倾诉,能交流有共识就是老父亲**需要的礼物。即使子女不愿交流,那你默默陪伴,耐心专注地坐在旁边顺从着,老父亲就已很满足了。因为老父亲同样梦想着鲜花与掌声,同样希望收到礼物。

孝顺,孝顺,以顺为先!

(3)表达对父亲,对父亲的父亲的爱、感恩、思念,其实很简单。只要通过细节就可实现,可以是一件小的礼物,也可以是精神上的陪伴与倾听。例如,告诉父亲一个消息、一个趣闻;跟父亲聊聊自己的压力与纠结;给予父亲关爱的一句话语、一个祝福、一个谢谢、一个眼神、一个拥抱;陪同父亲聊聊天、散散步、逛公园,甚至轻轻地为父亲唱一首他爱听的歌曲。就这么简单足以让父亲、父亲的父亲兴奋很久,让他们记忆一辈子。当子女能考虑到父亲、关注着父亲、理解他、支持他时,父亲就会有强烈的满足感、安慰感、踏实感、轻松感,像小孩子般开心,这就是"大小孩"之天真,"老小孩"之可爱。也让我们对父亲的思念浓浓的、深深的、久久的。

朱自清笔下的父亲的《背影》让众多子女潸然泪下。以下又是一位苍老父亲脍炙人口的乞求独白:

我老了,不再是原来的我,请理解我,对我有点耐心与宽容。

当我需要你帮我洗一次澡时,请不要责备我!你应记得:你小时候,我是如何千方百计哄你洗澡的;你少年时,我带你去公共澡堂给你擦洗全身。

当我双腿无法行走时,请伸出你年轻有力的手挽扶我一下。请陪伴我走完最后的路。

当我病重需求医时,希望你能亲自陪同我辗转于医院各个部门。在我躺在病床上时,我的儿女能坐在我的床边,不期望抚摸我的手以示安抚,只渴望你时不时能坐在我的身旁陪我说说话。

当我想说说某一件事情或看法时,请耐心专注地听我诉说,不要打断我,更不必呵责、批驳、顶撞。顺从或倾听反思一下,或许对你是有帮助的。其实,对我来说,谈论什么已不重要,只要你能在我身旁专注地听我说,我就很满足了。

给我你的爱和耐心,我会报以感激的微笑,这微笑中凝结着老父亲对子女无限的爱。

这段独白能让众人感受到老父亲内心的强烈渴望与无奈,让人心酸,让人深思。

看来,商家父亲节小小的促销活动的社会意义远远大于其经济意义。至少让全社会的孩子懂得在自己的生活中有父亲,我们应该多考虑点父亲,多在乎点父亲,多尊重点父亲,多关心点父亲。通过对父亲的关注给自己注入好人能量,让自己成熟。你我他的成熟,使好人越来越多,让生活更美好,让社会更和谐。

三、善待亲爸

我的父亲是一位乡镇中学的教师。他心地善良,待人宽容又热情,尽力为他人着想。他博学多才、风趣幽默,愿倾诉善倾听。

父亲任教的中学离家很远,那时交通不方便,他又很节约,故他都是徒步几个小时来回。我常常会走十来里路去迎接他或为他送行,挥手再见的情景现在还历历在目。

(1)倾听和倾诉是陪伴的主要内容。**没有倾听没有倾诉与对话,陪伴就没有生命力。**

难忘的是在路上和到家后无拘无束的陪伴,我和我爸的心情都很轻松,我们海阔天空地聊天,他诉我听,我说他听,谁都不会打断对方,也不会辩驳对方、对抗对方。陪伴聊天的内容不受限制,涉及天文、地理、历史、人生、哲学等。因有儿子的陪伴与倾听,父亲那兴奋快乐的表情深深留在我脑海中。因有父亲的陪伴与倾听,所以儿子充分感受到亲情的幸福与血缘的魅力。

我的老家位于宁波甬江入海口的南侧金鸡山与戚家山下,甬江北侧为招宝山。我家门口有山有江有河有海,海边能眺望到舟山的金塘岛。我父亲挺有远见,多次向我倾诉他的预言:应该在金鸡山与招宝山之间架一座大桥连通甬江南北;应该在宁波与舟山之间造一座跨海大桥,先连接金塘岛。当时,父亲还希望我今后选读桥梁专业。半个多世纪后,他的预言已成为现实。我真是太佩服父亲了! 这也是陪伴、倾诉与倾听的意义。

(2) 一个人应该尽力主动的多为他人为社会着想、做点事是我父亲的人生理念。二十世纪五十年代到七十年代期间,乡镇中学的条件十分简陋,父亲主动向学校提议若干创建项目,并具体参与其事。父亲在教学工作之余主动、义务地做了许多额外工作。例如:父亲首先帮助学校创建图书馆,并规范标准化管理;父亲又帮助学校规划校园绿化,并亲自选培花树和种栽;父亲组建校学生业余剧团,亲自当导演、撰剧本,有时还亲自上台表演魔术,当年他亲自导演的《青春之歌》等话剧轰动整个地区,那时参演的学生至今仍兴奋不已,还专门写文章追忆;父亲的烹饪技术也很不错,吃过他烧的菜的人都赞不绝口、记忆犹新,他会亲自去食堂帮助厨师创新烹调出几道特色菜肴改善师生伙食,还帮助规范学校师生食堂的管理,还建立养猪养鸡场,等等。

或许父亲觉得完成这些额外工作很有成就感,有点自豪,不知不觉地一一向我吐露,我惊讶父亲的多才。我仰慕他的无私为人的志愿者精神,这种精神也影响了我一生,这也让我体会到陪伴与倾听的价值。

(3) 教师的根本工作当然是教学。父亲提出并践行着**教师是学者是编导是表率是人梯是朋友**的理念。这个理念是指教师必须具有相当的学术水准与思想;教师应该力求避免照本宣科,教学中教师必须具备深厚的情感和丰富的表情与肢体语言;教师应该做学生的好榜样又甘当学生的梯子,鼓励学生超越自己;教师应该为学生多着想,做学生的朋友,关心、资助、帮助他们。

父亲始终如一地坚持这个理念开展教学工作,长期深受广大师生的喜爱与敬佩,为此父亲曾受邀在莫干山的省教育厅疗养院疗养。当年我们当地能享受这种待遇的人凤毛麟角,故父亲十分珍惜,也非常激动,而且多次和我倾诉这个经历。

在父子陪伴中父亲多次对我倾诉,在和他人相处时,不理睬他人和告密、揭发、诬陷、批驳他人的事绝对不可以做,这是做人的底线。

在陪伴父亲中了解父亲理解父亲,他的多为他人着想的人生哲理等成为我们的共识。这真是一件十分享受与快乐的事,同时获得幸福。我老了,但仍然记忆犹新。爸爸:谢谢您!这就是陪伴的价值。

父亲一直盼望着退休后去过一种时常带着孙子钓鱼、给他讲故事的生活,但是万分遗憾的是我父亲因为被残忍迫害而过早去世了。至今我都不能释怀、无法排遣,对此仍然耿耿于怀。尽管这种被迫害,个人是无法抗争的,但是我至今还是很自责,怨恨自己没有能力没有胆力没有远见没有手段去保护父亲。

本篇也是我对亲爸的怀念与赔罪,也是回味曾经陪伴父亲的美好记忆。

第七讲
劝　慰

劝慰之意是规劝、开导、宽解与安慰，而使对方的心情放轻松。

劝慰是一种心理疏导，是对对方精神上的一种考虑与治疗。

第一节　脾　气

脾气是一个人的性情，又称为个性或性子。脾气的外在表现是对人对事的态度，是其举止神情的一种姿态，是说话做事方式的表现，是人们可以直接感知的一种表面现象。脾气的内在表现是一个人的情操与修养，也是脾气的本质与内因。

许多人往往仅仅以表面现象就直觉判断某个人的脾气好或坏，从来不去考虑那人为什么会温柔可亲或直眉瞪眼，不会去考虑其原因其内在本质是什么，这是很无知的。

现实告诉我们：怒目圆睁、暴跳如雷的神态不一定是坏脾气，表面笑哈哈的神态不一定是好脾气。暴跳如雷者可能只是因为自己被冷漠被菲薄被凌辱被诽谤得太多太久又无力抗争的咆哮发泄。看似嘻嘻哈哈的人可能有着不善的个人目的，且性格固执、思想顽固、死守己见、拒绝被爱、以和人斗为乐，一点点也不会为他人着想。

一、脾气之析

每个人天生有个性，所有人的指纹不同、笔迹不同就是个性不同的旁证。

每个人的体质不同，性情各别，脾气各异。一种脾气也有着其两面性，例如躁脾气有其粗暴的一面和有着豪爽与直爽的另一面。

（1）每个人当然希望和能为他且脾气好的人相处，希望对方的表现让人感到真诚的态度、融洽的气氛、真心实意的善良，希望双方都有静静听、好好说的好脾气。

一个人内在好脾气的充分必要条件是会为他人着想，能肯定对方、理解对方、赞美对方，使对方舒服，能给人爱又被人爱。

有着内在好脾气的人能控制自己的情绪，约束自己的行为，能耐心等待对方把话讲完，为对方考虑的事能耐心办完办妥。

好脾气者决不会指责别人脾气不好,指责别人脾气不好的人往往自己没有好脾气。

(2)有内在好脾气的人还满足许多必要条件,如能宽容、知谦歉、肯静听、会反思,等等。由反之必不行可知道什么样的人才是真正的坏脾气。例如,不会为他人着想,老让别人不悦的人,肯定是坏脾气的人;热衷于对他人审判式说教、主观臆断、凭空指责、菲薄冷落的人,必定有着很坏很坏的脾气;不能宽容、不肯倾听、不知道歉、不愿反思者必定没有好脾气;不能控制自己的情绪,不能约束自己的言行,不能感受他人的感受,就是坏脾气的表现。

大家当然不喜欢坏脾气的人,会避凶趋吉,因为坏脾气的人根本不会考虑大家的感受。

(3)世上是没有无因之果的,特定的结果必定是由一定的原因所导致的。世上没有不存在本质的现象,也没有不表现为现象的本质。某人的神态温和还是暴躁,都只是一种直观感受、一种表面现象,其必定是有原因的,必定是有其本质所在。

我们不能被一些表面现象一叶障目,应该透过现象看本质,通过结果找原因。一个人脾气的好与不好,其根本原因和内在本质是他有无为他人着想这一特质。

由神情、态度等表面现象就主观认定某人的脾气不好的人,往往正是有着不考虑别人的内在坏脾气。这是因为轻率认定某人脾气不好的人，既没有了解别人一心一意为他人着想的本质，也没有考虑你给他坏脾气名声而他所承受的冤屈的感受。

有些弱势者、憨厚的老实人常常会受到无妄之灾与冤枉，又不会吐露心声，不会抗争不善辩白，只会忍让与迁就。当耐心被磨灭得荡然无存时，长期积压的愤怒可能突然来个大爆发，无能的狂怒，这时绝对不能轻易认定他们脾气坏，而应给以同情与安抚。

（4）一个人脾气的好坏可能是天生的，正如人们常常说的"她（他）就是这样的性格"。这种性格往往是由基因所决定的，也可能是由其家庭环境所导致的。一个人脾气又可能和其所受的教育与环境有关。脾气好坏，最终可能还是自身的学习能力，以及阅人与反思的能力。

二、坏脾气

判断一个人脾气好坏的唯一标准，是他考不考虑别人的感受、情绪、利益与尊严等。这些就是相应脾气的充分必要条件。例如，不理睬对方、攻讦对方、待人两面三刀、反噬亲情等，都是不为他人着想还严重地伤害对方的行为，都是令人不齿的坏脾气。

显然，神态傲慢、举止嚣张、性情暴躁、歇斯底里的狂怒等表象，不是那人有坏脾气的充分条件，也不是必要条件，但也不是受大家欢迎的。

（1）有一种坏脾气是**不理睬类坏脾气。**

不理睬对方、不搭理对方是世界上最冷漠的坏脾气。那类人不理睬对方，表现为对对方不闻也不问，不探望不陪伴，不见面不说话。不管对方怎么乞哀告怜或奉承讨好，那人都毫无反应，不予搭理。无论对方探望、电话、短信怎么联系那人，请求对话沟通说清具体情况，那人仍然沉默无言，拒绝交流。这种不理睬的待人态度是冷暴力，是瞧不起对方的一种表现。特别是在亲人之间及对待恩人上，采用不理睬的态度实在是太狠毒了，这会给对方造成伤害。有人亲历了这类坏脾气人的长期不理睬的煎熬，几乎精神崩溃，被折磨得生不如死。

例如，一位老教授多次主动联系一位中年心理学女教授，寻求心理学的一些共同研讨与合作，然而她却一直不理睬不回应。她连起码的尊重他人的礼节都不懂，不知道不理睬人会给对方造成多么大的心理伤害。心理学教授自己的心理行为又是怎样的？

不理睬类坏脾气的人，不要找什么为了避免冲突，或有代沟等借口拒绝和对方交流沟通，尤其对方是弱势者时。因为这些理由很牵强，显示不了你的宽容。因为不理睬人的行为足以明确表明你在菲薄对方，破坏和谐，激化矛盾，会引起冲突。显然，不是不理睬对方，又愿意思想交流，还会沟通与反思，就是尊重对方和平等待人，是宽容与和解。这才是为对方着想也是为自己考虑的好脾气。

谚语"不理睬人的人很凶狠"确是一条真理。

（2）另一种坏脾气是**攻讦类坏脾气。**

有这种坏脾气的人喜欢习惯攻击、斥责、说教别人。

一个人对别人的任何一句话任何一件事都会立马给以攻讦：或居高临下审判式地说教与训斥；或不合真相的主观式判断后高调凭空指责。这种让人噤声的行为当然是坏脾气，不妨称为审判式坏脾气亦可。

攻讦性坏脾气的突出表现是喜好嫁祸他人、反噬他人，如对别人的优秀与强大嫉妒恨而反噬，以此来掩盖自己的坏脾气。

攻讦性坏脾气的人易于否定恩情、反眼不识、反目为仇、诬良为盗，以及恶语相向等冷热暴力攻击他人。

这些攻讦性坏脾气使得自己好坏不分、是非错乱、善恶颠倒。

很明显，攻击别人有坏脾气的人自己才是有着坏脾气的人。

（3）再一种坏脾气是**两面性类坏脾气。**

两面性类坏脾气表现为：一方面欺侮老实人，利用利他者，诬陷施恩者，以羞辱、菲薄、攻击对方为乐；而另一方面对另一部分和自己有着重要利害关系的人却是另一番嘴脸，唯唯诺诺、阿谀奉承。

（4）反噬亲情是又一类坏脾气。

人一生最大的错误与罪恶，就是把最坏的脾气发泄给自

己最亲的人，使自己的父母、爷奶、爱人等受到无妄之灾。对自己最亲的人最没有耐心没有恩情，却有着发泄不完的坏脾气与怨气。

例如，家庭成员之间原本应该彼此尊重着、信任着、欣赏着、宽容着，晚辈对长辈本来应该尊敬着、顺从着、陪伴着、感恩着。这样的生活才会和乐幸福，亲人之间才会更亲近。如果一方是一位木讷寡言，又善于控制自己情绪的老实人，另一方却是一位话语尖酸、刻薄待人的坏脾气人，则前者就成为后者的不良情绪发泄的垃圾桶。前者忍气吞声步步退让，前者的劝说、恳求、抗争以及咆哮都无济于事后，前者只能自虐或离家避让。这样，可能仍然改变不了后者的垃圾脾气。

亲情缘于血缘，不求回报但不该被反噬。反噬亲情的人充满了愤怒、傲慢、忌妒、算计、贪心、任性、嚣张、疯狂，会全盘否定亲情与血缘。

如果夫妻一方脾气很坏，为了免得被对方伤害得太深太久太惨，还是干脆早点离婚，放弃该放弃的是智慧。选择朋友亦然，善良者、老实人要谨记远离这些坏脾气的人。

尽管一生中自己努力了、付出了，也时时事事考虑着他人，却被误解、被冷落，被别人菲薄、轻视，被别人当作坏脾气的人，而遭受无妄之灾。这是人一生中最痛苦的事。

（5）**不识好歹类坏脾气**表现为不识好歹，拒绝被爱，敌友不分，否定受惠，不知感恩，翻脸无情，等等。

不理睬类坏脾气和不识好歹类坏脾气都是典型的冷暴力

式的坏脾气。冷暴力式坏脾气还表现为冷落、贬斥、暗伤他人，以不探望不陪伴、不问候不应答、不倾听不谦让、没有耐心不肯等待等方式对待对方。攻讦类坏脾气是典型的热暴力形式坏脾气，表现为恶语相向，歇斯底里地辱骂、呵斥、挑剔、指责、批驳、为难、嘲笑、否定对方等，还强迫对方接受或吞咽。

透过表面现象，各类坏脾气的本质归结于一点，就是不会考虑他人，不会感受到他人的感受。

摒弃各类坏脾气是需要被教育的，需要多学习多反思。

第二节　劝　慰

劝慰有三种类型：一是对受辱受冤及被攻击的无助者进行抚慰，这显然是为对方真正着想的劝慰；二是给予祝愿与期望等，这是为对方考虑的一种善意的广义性劝慰；三是借劝慰之名行伤害他人之实的卑鄙之劝慰。

劝慰的方式方法务必得当，务必考虑后果。显然，劝慰者的脾气及心存善念的程度和劝慰的效果有很大的关系。

一、劝慰的价值

劝慰的价值主要在于劝慰他人是为对方考虑、为对方着想，解除被劝慰者心中的屈辱、愁闷、烦恼、困惑、抑郁、焦虑等痛楚,使其心情快乐与舒适,让其有收益。这是好人的信念与情愫,是对被劝慰者的一种关爱,必功德无量。

(1)问候、陪伴、倾听、尊重、耐心与等待是考虑对方、关爱对方的最好方式,也是劝慰价值最好的实践。

如果被劝慰者还没有严重的封闭式精神障碍,那么被劝慰者肯定希望把自己的冤屈、伤痛和郁闷等都能尽情地释放和倾诉,希望有人能专注地倾听、陪伴和劝慰。被劝慰者,当然不希望是被说教被训斥,不希望被冷落被嫌弃,而是希望能得到安慰与同情、理解与支持。

正是被劝慰者对你的尊重与信任,才愿意对你倾诉,盼望在你那里得到安慰,希望让你在自己身旁。你作为劝慰者务必备加珍惜这份被尊重被信任的情感,把握好时机和场合,控制好自己的态度和言行,让对方舒服并有所收益,不然就失去了劝慰的价值。

(2)真正的劝慰,首先应该**正确理解并认定对方确实受到了伤害,其内心确有痛楚与无奈**,接着应**鼓励对方尽情倾诉**,不管是说是哭还是咆哮发怒,我们都陪伴其身旁专注地聆听,并耐心地等待对方把他想说的话彻底讲完,想哭的让他哭得痛快,让他情绪尽情释放。因为这样才是最佳的劝慰,即**陪伴与倾听才是最好的劝慰**,它们比什么都重要、都更有价值,不必多说也不用多问。因为这样就显露着劝慰者是在乎对方、尊重对方、支持对方,并理解对方的倾诉内容对他自己的价值与意义。显然,劝慰不能信口雌黄,也不需要口若悬河。

一位八十多岁的高龄老人第一次坐飞机,很害怕,试图向身旁坐着的一名陌生人求助,希望在飞机起降和遇到气流颠簸时给他帮助。这名年轻人毫不犹豫就答应了,全程紧握着老人的手陪伴着,耐心倾听老人的絮叨,遇到状况及时给老人以解释,抚平老人的紧张与不安。牵着老人的手下飞机,协助他坐上轮椅,取好行李推着老人出机场,耐心等候老人的子女,这就是对老人恐惧心理的真正抚慰,而不是"这有什么可怕的"等训斥性的劝慰,也不是不理睬的白眼待人,这让老人非常感谢他的帮助,大家也称赞这位男子是老人的"飞行天使"。

二、真相与尊重

劝慰就是应该让被劝慰者获知事实的真相,**获知真相就是获得尊重与信任。**反之,若为掩盖真相而编造不当的谎言或理由,就会对被劝慰者造成二次伤害,起码会留下被欺骗的感觉。因为隐瞒真相有其善意的一面,但更多的是不尊重与不信任。

例如,在多数情况下,面对确实医治无望、病情日益恶化的临终病人,医者及其亲属通常会采取隐瞒和说谎言的策略,有时还辅以空洞性的劝慰:"看开点""要有信心""会好起来的""坚强点""心态好一点""多想想开心的事,快乐每一天""不必知道具体的病因""别瞎想,别瞎猜"……这些没有人相信的谎言与虚假的劝词横在了病人和事实面前,阻碍着真实的交流。这种虚伪的谎言,甚至会把患者逼入至深的孤独与痛苦中,让病人在临终前也彻底失去了对他人的信任。这种劝慰是一种欺骗,而且掩盖事实真相,让人上当,让患者绝望,这不是在为病人考虑。

一个人的生命都快要结束了,周围的人都清楚他的病情并讨论着这件事,唯独当事人被蒙骗着。从某种程度上,病人应当有权利知道和自己生命有关的真相,这是**知情权**;病人有权利决定自己怎样度过生命最后的时光,这是**决定权**。两者都是病人的权利。病人在被告知真相后可能会感到绝望,但这种绝望要比那种由被欺骗后又被识破而感到的绝望好得多,因为他至少感受到了来自信任而产生的面对死亡的尊严与勇气,感受到能在坦诚中交流的欣慰与尊重。

病人,尤其是临终病人都会希望在被尊重被信任的轻松又真实的环境中度过自己人生最后的美好时光。这就涉及临终关怀的陪伴、倾听与真相中的劝慰,而不是被隐瞒真相,不是被怒怼、被厌烦、被说教、被训斥。

其他受冤屈者、受灾难者等同样希望获得被冤屈、受灾难等的真相,并不希望有"不知道真相更好"等的劝慰。因为**获得事实的真相便获得了尊重与信任**,这就是劝慰的价值。

劝慰,就是在鼓励对方的同时,要告诉对方事实的真相,说真话讲真相。千万别拿善意的谎言也是为对方着想作借口,要知道,虚假的欺瞒可能引起悲剧的早早发生。

三、有效的劝慰

劝慰恰当,能使被劝慰者舒服又有收益。劝慰不当,会使被劝慰者失尊严受伤害。可见劝慰的两面性很明显,故劝慰要讲方法要谨慎。

（1）劝慰的目的是让被劝慰者舒服并让其有所收益,故真正的劝慰必须平等、相互尊重、真诚而又现实,劝慰必须态度诚恳、言语委婉、心平气和、肯定加鼓励,不义之话不说,不义之事不做。

劝慰绝对不能率尔而对,绝对不能与之争执,不能盛气凌人。**劝慰一定要摈弃执意的教育和指责,要有耐心、会等待。**这些是基本的劝慰战术。

劝慰也不是"讲道理""说大话",更不是生硬地空谈道理。劝慰应该针对不同的人、不同的情况采取不同的劝慰方式和内容。

劝慰应该注意方式方法,做到劝慰时刚柔相济、开合有序、松柔慢匀、进退有节等。例如,在劝慰无效时,可以搁置一小段时间后更换一种方式继续劝慰对方。这是一种搁置式劝慰战术,而不是放弃。

这样,劝慰才有效、才有价值。

（2）为他人着想的好人在耐心专注聆听对方被伤害的全部倾诉后的有效劝慰词往往应该是：

"我充分相信你说的是事实,是有道理的。"

"我理解又同情你的痛苦与无奈。"

"只要我能努力办到的,我一定帮你。"

"我知道你受委屈了,理解你所受屈辱的心情。"

"你的生活一定很难,精神上的压抑已超出你的承受力。"

"你以后随时可以和我聊聊,只要你觉得心里能痛快一点。"

"你是一位重情义、知恩情、明事理的人,且懂珍惜。"

"你真幽默,**会幽默是一种乐观。**"

"我愿意和你一起面对。"

"向我倾诉,我必专注倾听。"

"伤害你的一方是太过分了。"

"长期受委屈、被欺侮、失尊严、遭冷落太多了,是需要发泄的。"

"哭一哭没关系,也没有什么丢脸的。"

"吼一吼是必要的。"

"有情绪需要及时释放发泄,不能长时期积压忍耐着。"

…………

这样的劝慰足以让被劝慰者感到自己被尊重、被信任,感到心里踏实、欣慰,感受到真情与友善。这是一种有意义且有效的劝慰。

（3）面对精神障碍症患者,如果劝慰的话是"打起精神来""想想高兴的事""你的生活事业这么好,还有什么可抑郁的"

"你的要求别太高"等,那么对受抑郁症困扰的人而言,毫无用处,有时还可能加剧其抑郁程度。因为他们认为这些劝说一点用处也没有,而且含有责怪的味道,恨不得跟对方一刀两断。他们吐槽:"如果知道能怎么'打起精神来',就不会遭受抑郁症的痛苦了。""如果能通过想想高兴的事就赶走抑郁那么简单就好了。"

显然,有些事情并不是被劝慰者自己能解决的,解铃尚需系铃人。如,父母是不会求子女报答的,但是被年过半百的子女全盘否定,并反噬而怨怼着,父母真是实在没法想通,又没有地方去诉说,久而久之这种来自亲人的压迫感,怎能不致使父母不抑郁不焦虑呢? 这必须要由其系铃的子女去解铃。

对精神障碍症患者,如果劝慰语是"你尽情地和我聊聊,我认真听着。""我陪你去爬爬山跑跑步。""你是不是可以改变一下生活方式与环境"等,并陪同对方就医,或许是不错的劝慰。因为不少人并没有患病,只是一种自我焦虑与封闭的应激反应。

(4)遇到失去亲人或遭到毁灭性灾难事件时,面对当事人的悲伤与绝望的情绪应给以充分理解与同情。劝慰者在旁过度地劝说"心态要好点""想开点""别太伤心""时间会带走痛苦的""没有过不去的坎""事情已这样了,不要多想了""坚强点,解脱吧""忘了吧,调节调节"等都是徒劳的、无济于事的。如果是"死了也就死了,活着的人得好好活下去""失去了也无关紧要的""结束自己生命也不能解决问题"等刻薄的劝说看似是劝慰，其实只会刺激对方，会深深地伤害对方。

其实，这时劝慰者只要默默地陪在他们身旁，静静地凝视着凝听着，点个头牵个手，不过多地打扰，也不要随便给不计结果的轻诺，因为希望比现实更加折磨人。这就是对他们的一种考虑和高明的劝慰。

（5）发生纠纷的调解、人质劫持的解救等危机事件中对当事人的劝慰更具有战术性和技巧性。

这些危机事件中的绝大部分可以通过陪伴、倾听、沟通和谈判而和平解决。尽管许多当事人显得有点愤怒、绝望或残暴，但是他们还是弱势者，故应多为他们考虑着想。我们都应采用柔和的方式，主动和对方沟通，合理地劝慰，以陪伴沟通代替对抗，以对话理解代替强迫。

在危机事件中，诸如"你多为对方想想""你该满足了""你应做到无我""你又错了""你不要闹了"等训斥言辞，"生命是可贵的""未来是美好的""坚强乐观才是真"等高调空洞的所谓劝说都是绝对不能出现的。否则只会激怒灾难事件的当事人，使事态恶化，只会让当事人感到自己被忽视被敷衍被嘲笑。我们必须从当事人的角度去考虑去理解，思考涉及的问题对对方的重要性和意义，才能获得信任与进一步劝慰的机会，才能使危机事件获得和平圆满的解决。

例如，一位男青年在欲跳楼之际，和他并不认识的一位女青年上前陪伴他，专注倾听他的遭遇，并以自己相似的经历同他一起哭诉着，互相倾听着。她慢慢靠近他，并以一个拥抱一个亲吻让他放弃轻生的念头。这是一种处理危机事件的高明劝慰,妙!她说好开心。

(6)面对恶性肿瘤等疑难杂症患者的害怕、焦虑、紧张的情绪,医者不是冷若冰霜、惜字如金的态度,不是抨击与责怪,也不是轻诺,而是耐心地针对患者病情主动讲解疾病的真相,告知注意事项与可能带来的反应,主动跟病人唠唠家常、聊些奇闻趣事,平复患者的消极情绪,增强治疗的信心。

这就是仁爱医者的劝慰,他们的劝慰语有"不要怕,我们一起努力""你是外地医保卡,现在异地可用了,放宽心""找一份能坐着的工作,减轻体能消耗""饮食有禁忌,我跟你说说""先把病情稳定住""房间除除湿气,湿气太重对病情不好""能手术一定要尽快手术,术后尽早中医中药治疗""平时注意适量运动,练练八段锦,可帮助疏肝理气",等等。这种劝慰很真诚很实在很有效,让人舒心。

(7)谈心意为谈谈心里话,谈心是一种有效而真诚的劝慰。

谈心强调的是双方互相尊重又平等地说说心里话,诚恳交流思想,共同分析一起商讨,没有说教没有指责没有训斥。这是一种容易被接受的陪伴与有效的劝慰。

例如,当前有相当一部分年轻人进入大学后不能静心认真读书,又为人不当,还体能渐弱。他们疯狂地放纵自己,做了许多不符合自己年龄与所处环境的荒唐无聊事情,而且不能自拔,浪费了自己几年的青春年华。他们心力交瘁、疲惫不堪,许多人跟我倾诉其痛苦与迷惘,对未来茫然若迷、不知所措。下面是我和他们促膝谈心的部分内容,他们细细琢磨深感言之有理,十分受鼓舞又重新振作了精神。

大学时光是大学生专心致志勤奋读书的黄金时期,大学是大学生打下人生与业务坚实基础的最重要地方。失之不再有,及早反思及早认识是上策。

这种随便浪费自己青春的任性,或许源于你的贪婪,想去逐一品尝世上所有的事情,想去证明每个论点。还美其名曰:展示才华、张扬个性、锻炼能力、接触社会、获取超越书本的知识。这其实很幼稚。

显然,世上有太多的事情是自己无法经历或无力控制的,甚至有些欲望与贪婪将会变成心魔折磨你,让你失去宁静。**任何一个人的一生都不可能去经历每一件事情,也不可能去实践证明每一个哲理。**尤其不能拿自己的青春做赌注去换取他人早已告诫过你的东西。

世上有的东西是可以补救的,但有的东西失去了便再也回不来了(如青春),忏悔也没有用。等到失去了才追悔莫及,当你青春渐逝,感到孤独、迷惘时再后悔,一切都晚了。你应该为自己没有做好在青春时期该做的事情承担责任、付出代价。怪罪不了他人,他人也代替不了你。其实,在你任自己放肆时,你就应该做好承担一切后果的准备;在你执意品尝一切时,你就应该做好尝尝痛苦的准备。

如果你始终坚持认为自己什么都是正确与有理的,那是十分可悲的。这或许是你的选择,也或许是你的任性、固执与骄纵等所致,让人无奈又遗憾,而且你一定会付出代价的。

一介凡人不可能随心所欲,做好青春时期应该做的事最重要。珍惜自己的青春,珍惜书、体、德、勤、悟,珍惜机会与缘分,珍惜父母之恩与老师之情。

四、怪谲的被劝慰者

被劝慰者对不当的劝慰当然会生怨发怒,但更多的是沉默不语、独自忍受。一般,绝大部分的被劝慰者对真心善良的劝慰十分理解并接受,且深深地感动又感谢。真诚的劝慰者能使被劝慰者释然,减轻伤痛,走出内心深处的阴影,获得解放、同情与尊重。进而,也使真诚的劝慰者感到快乐。这就是劝慰的价值、好人之魂。

现实生活中确实存在着一种怪谲的被劝慰者,他们对善良真诚的劝慰一点也不买账,甚至误解歪曲、视善为恶、好坏不分、恩仇颠倒、拒绝被爱,还倒打一耙,给善良的劝慰者带来无妄之灾。

没能早日升职提级的某中年男子整天怨天尤人、唉声叹气,沮丧、焦虑、烦躁得难以自拔。一位耄耋老者真诚地奉劝他:

"你锲而不舍地追求,让人钦佩与感动,又心疼。"

"没有较快获得自己追求的目标很正常,这只是人生中一个小插曲。"

"没有取得正职,只有副职也无所谓。"

"只要自己努力了奋斗了追求过了,没有争得理想中的最高职称也无妨,没有遗憾。"

"这世上没有最优没有最高没有最富。"

"没有必要把自己搞得那么累。"

"人的一生太艰辛,可以让自己过得轻松点快乐点善良点。"

"放弃对职称职位的角逐,放弃对金钱财富的过度争夺,过一个平凡而宁静的生活也挺好的,这也是一种积极的人生态度。"

"放弃该放弃的是聪慧,不放弃该放弃的是无知。"

…………

这些话是多么的现实与真诚,多么的有哲理,是人生真实的感悟,更充满了深深的关爱!

然而那个中年男子却逆向而思、视恩为仇、拒绝被爱,认定老者瞧不起他,全盘否定老者的劝慰,还心有怨恨。老者的真诚付出得到的是仇怨,真是无语了。

第三节　不当的劝慰

如果劝慰不当,有意无意间所用的劝说词与行为没有顾及对方的感受,则往往会给被劝慰者造成二次伤害。这种双重伤害会使当事人怒火更烈损伤更重,或噤若寒蝉至产生精神障碍。这样就丧失了劝慰的价值。

有一种人会借劝慰之名抨击对方、反噬对方、踩压对方、羞辱对方,存心要给对方造成精神上更大的伤害。例如,不理睬人的人,坐而论道的习惯教训人的人,视恩为仇、拒绝被爱、反噬亲情的人等都是虚假劝慰的疯狂者,是有着坏脾气的阴险歹毒者。他们的所谓劝慰会令人不寒而栗。

不当的劝慰是一种坏脾气表现,有坏脾气的人的劝慰往往是不当的,因为他们的心底没有为他人着想的概念。

一、不当劝慰之方式

(1) **抨击说**。抨击,往往持有敌对的态度来评论攻击对方,不管什么道理与真相。**说教**,往往是生硬高调地空谈理论,一味地指责教训别人。

劝慰他人绝不是抨击与说教,应该是一种平等与尊重的对话。

被伤害人已经被冤屈、被诋毁与诬陷、被刺激与耻辱时,还是有人会质疑、刁难被伤害人,有人会挥舞着抨击的大棒砸向被伤害人,大肆否定与训斥、批驳与说教,或无端指责,发表的滔滔不绝的鞭挞言词有:"你自找的""绝对是你自己错了""怪你自己,对方不是这个意思""对方就是这种脾气""对方不是故意的,是你多疑了""你别闹了,不要矫揉造作"……

显然,这些劝说词全是指责已被伤害者,被伤害得已体无完肤的却再被伤害。这种抨击与说教不是劝慰,而使已被伤害者再次受到无妄之灾。这种抨击与说教,很明显有着为伤害他人的人开脱与庇护的嫌疑,有着助长伤害他人抨击他人的嚣张气焰的作用。

有一对老夫妻在金婚纪念日来临前,在亲人群里发了简短的微信,只是盼望哪一天能有亲人们的问候或祝福。如果儿孙们能在自己一生中仅有的金婚日前后大团圆一次,有一张全家福照片,老夫妻一定喜出望外。

老爷子在微信中也就短短地概括简述几句自己在五十年中为这个家的全体成员已心力交瘁,以及对每个成员超乎寻常的爱被彻底否定或拒绝,还有被家人菲薄、轻蔑、抨击、反诬、冷落等,在家中忍辱挣扎、人微言轻、噤若寒蝉的痛苦心情,又企求亲人之间不要再有内伤。但冷漠的亲人还是装聋作哑不予理睬,没有一个问候,没有一个祝福,没有一个道歉或劝慰,竟然还有家属成员高调抨击、空洞说教:"人生观有问题""要做到无我""心里充满阳光周围都是阳光""心要像大海那样博大",等等。这些冷漠与抨击及执意说教都是多么的苍白无力、生硬空谈、颐指气使与事不关己,真是令人反感,让人厌恶。

(2)**不理睬说**。不问候、不陪伴、不倾听、不沟通、不理睬、没耐心的轻慢是该劝慰时最歹毒的行为,令人不寒而栗。这里，有一个真实而无法理解的事件。

一对身体健康且年龄不算太大的退休父母，突然开始整理自己的遗物，捐赠了自己的手稿著作等物品，书写遗嘱遗信，还突然决定安排自己死后的安葬墓地等后事。很明显，这似乎是有点不正常，或许是一种无声的嘲讽。这里肯定是有原因的，是有故事的，有大量苦衷的，但遗憾的是无人问津，盼博得同情和被劝慰的愿望也就成为泡影。

面对父母这么早就办理自己的后事，他们的子女虽都年已半百，却对父母这种怪异行为毫无反应、装聋作哑、视而不见、不闻不问；没有疑问、没有惊讶、没有感叹、没有询问、没有劝慰、没有自责与自检；表明与己无关的态度，甚至没有问问寿墓做在哪里，没有提出去实地看看和承担经费，却说陵园为什么要留他的信息。

这对父母最后竟然遭到亲生子女如此冷漠无情的不予理睬，真是太凄惨太残忍太受伤了。

（3）**轻诺说**。给被劝慰者一个盲目的希望或许诺的劝慰真是一种十分愚昧无知的行为。因为这种许诺太轻率，连劝慰者自己都不知道结果是怎么样的，事情的发展并没有轻易许诺的那么简单，即轻诺寡信。

如在火灾、地震、风暴、海啸、泥石流以及毁灭性交通事故等灾害性事件发生后，对相关的当事人轻诺劝慰"肯定不会有事的""一定会平安的""会保佑的""一定会有一个满意结果的""必定有好报的"等都显得苍白无力，也没有设身处地理解对方的处境与心情。当你良好的轻诺一旦破灭时,结果可能让对方更绝望更悲痛。

又如某人所患的病明明是不可逆转的,只愿其病的症状能缓解点,但总有些人喜欢轻易许诺"会痊愈的""会根治的"等劝慰患者,让病人很尴尬很无奈,不知劝慰者是心善还是无知,或是含有其他什么意思,令人忐忑不安。

(4)**性格说**。有一些劝说似乎已习以为常,但让人哭笑不得,且难以使人信服,是纯粹的诡辩,只会使受伤者再受伤。

例如,很多人喜欢用"他忙"等劝词来劝慰被遗忘被冷落被耍弄的人,真是无聊又无知。显然,"忙"是一种拙劣的借口,是为那一方推卸责任的一种狡辩。

又如,"她就是这种性格、这个脾气""她的不耐烦、高频音与性情暴躁都是天生的"等性格与基因的劝说语,是在为她的习惯性让别人受伤害被凌辱失尊严的行为开脱与庇护。这种无缘无故欺辱他人的性格,凭什么要让被伤害者承受,真是天理难容。

显然,这种不考虑他人感受的所谓性格原因的劝说,完全是是非不分、主客错位的不当劝说,是在为"就是这种性格,天生的"人的伤人行为硬生生地找借口寻理由。以性格与天生的为由随便伤人的人,其实不是其性格问题,而是其个人的涵养与人品问题,是其不会或不愿考虑他人的问题。所以以性格与基因为由的劝说是多么的荒唐、多么的理亏。

(5)**享受说**。面对风烛残年、孤独无助与思念依恋他人日益强烈的耄耋老人,某些言语放肆者或中年子女却如此劝说他们:"自己调整好心态,别老想着依靠子女""消除寂寞靠你朋友,独守长夜靠你自己""孤独是一种享受""被欺辱被冷落受挫折也是一种享受"等。

这些恶毒的语言分明不是劝慰,明明是在咄逼老人,讥讽落难者,明明是不肯考虑别人的歹言。真是愤其人性之无情、言语之歹毒。孤独、寂寞、痛苦、挫折与被欺辱等是人生的经历,更是磨难,绝对不可能是享受。

(6)**好报说**。为他人着想的许多好人往往会遇到很多难处、困惑、郁闷与委屈,此时周围众多的人都习惯用"好人必会有好报的"等话给以劝慰。这种把好报作为好人的必要条件的命题是多么的无知又无聊,连劝慰者自己都不会相信的。"好人必有好报"的劝词只是一种不负责任的谎言。

显然,"好人必有好报"是一个伪命题。一是因为好报不是好人的必要条件,好人也不是好报的充分条件。好人不一定会有好报,获得好报的人不一定是能为他人着想的好人,却可能是善于使用不当手段的非好人。二是因为好人的本意并没有希望回报的意图。三是因为被好人考虑到帮扶到的不少人有着好歹不分、恩仇颠倒、不懂感恩的缺陷。

二、对自嘲者的劝慰

自嘲是自嘲者以嘲笑讽刺自己的形式进行情绪发泄,可能隐匿着自嘲者被伤害、失尊严，或遭灾难、遇病魔或凄凉与沧桑经历等的痕迹。

自嘲是一种自我倾诉，也是对自己的一种劝慰，是在解脱自己又宽容别人，是一种幽默的乐观。但是许多人不能认可自嘲是一种自我劝慰，所以他们不会自嘲，也不敢自嘲。

（1）**能自嘲、敢自嘲、乐于自嘲的人，必定具有足够的乐观精神和较强的自愈能力，**有一种良好又积极的心态以及更理性的心智，也是面对精神危机或生命垂危的一种坦然与平静的应对。

人们应该给予自嘲者充分的尊重与肯定，因为没有一定的乐观精神与自愈能力的人绝不会嘲讽自己的。

能自嘲的人往往比忌讳嘲讽自己的人对人生有更深刻的理解，更有水平更幽默乐观。能自嘲的人对生死更淡定，对他人更关爱。

患者戏言自己能不能活过今年，正说明患者能正视病魔与生死的自嘲。因为悲观者往往只会把病痛深压在心底，不会拿自己开玩笑。若旁人以"你真幽默"回应，那效果会更好，气氛更轻松。

自嘲者一句嘲讽自己的话，往往会遭到形形色色人的斥责。劝说者的无知，自嘲者的无语。

（2）自嘲者叹息活着实在没有意思时，会自嘲"活着干什么，活着实在是多余的"，"死去真好，一切都可以解脱了"，等等，其周围的人，甚至是至亲的亲人都不去安慰、不去询问他为什么会产生厌世轻生的念头,不去了解是什么问题需要抚平,却有人会这样生硬、空洞地劝慰与抨击:"好死不如懒活""想死就去死,地球照转""你的人生观有问题""自己过好每一天""人生得失无常,一切都看淡一点""超然物外,什么事情都一笑置之""人生短暂,心情自己调节,快乐自己寻找""忘记烦恼,乐观生活""没有什么是过不去的""要有追求,过得充实""你太悲观了,你错了"……

显然,这些劝说非常不当,又是多么苍白无力、毫无意义。因为受到的屈辱与被菲薄是怎么也挥之不去的,是不可能忘记的。因为"超然物外""一笑置之""学会看淡""自我调节""乐观生活"等都是一些抽象无用、高调空洞的用词,无非是让自嘲者自己忍、强忍着。样样自己忍,长期自己忍,必会被逼疯的。

其实,**人生许多事情是不能完全自我做主的,**不想活下去是有着各种原因的。或许是孤独无助或病入膏肓,或许是被人诬陷、欺辱、菲薄等损伤得太久太深,或许是生活与工作的压力不在承受范围之内,或许是那人妄自菲薄,又觉得自己太压抑太空虚,对生活不再抱有希望……这时,我们应该认定对方确实精神受创伤了,或确实病魔缠身了,应该去陪伴去倾听,给以同情、安慰与鼓励。

(3)实际上,自嘲者自己也明白:以自己自尽去警戒损伤他人的人是不可能的,绝对没有意义的。如果劝慰欲轻生者"我充分相信你都是为了结束痛苦获得尊严和平等,而不是真正想结束自己的生命""我愿意和你一起面对,一起修复你所受的伤害"等,其劝慰的效果必定显著。

自嘲者嘲讽自己"太窝囊""太无能""太老实""太会忍""不会抗争"等,正反映着他有会宽容肯忍让地为他人着想之心。人们不应该去驳斥、去否定、去责问,而应该充分肯定并赞扬他的能力与胸襟,给予支持与同情,这才是好的劝慰。

显然,不否定、不鞭挞、不轻诺、不放肆、不庇护开脱、不置之不理等,能避免不当的劝慰,防止对方受到无妄之灾是劝慰的底线。

第四节　解铃与系铃

解铃须用系铃人,意指谁惹出来的麻烦事,还是由谁去解决。

人的一生是不能完全自我做主的,不是自我意志能完全支配的。

一、忍之小析

忍,忍耐、忍受、忍让、忍痛、忍耻,就是把痛苦、困难、不幸、委屈、愤怒等强迫承受下来,自我吞咽,忍屈忍辱。**忍,是对自我心理情绪的一种抑制,要忍辱含垢、逆来顺受、忍气吞**

声、唾面自干。忍，就是一把开口的锋利的刀架在心上方的残忍。忍，是不能彻底解决问题的。

忍者的忍，不是软弱无能，不是是非不分，也不能认为自己没有知觉。**忍者的忍，是为他人着想的一种付出**，一种境界与壮举，是为了人间的和谐。

世上许多麻烦事情，不是自己善良的忍，不是自我意志的控制，就能彻底解决的；更不是旁人几句劝慰词或说教训斥能完全解决的，关键还是只有麻烦事情制造的系铃者才能真正解决，即解铃还须用系铃人。因为在解铃系铃事件中，**系铃人才是解铃的主体，才是事情的责任人**！

二、解铃还须系铃人

（1）一个人被他人冤枉与诬陷，被他人菲薄与嘲讽，被他人羞辱与欺凌等精神伤害或肉体侵害时，精神正常的人都不可能没有反应，都不可能还是快乐的。这些被伤害的事实是客观存在着的，是不可否认的，单靠忍是解决不了的。被伤害人的这些遭遇已经伤到了人的内心深处，是难以遗忘与彻底消除的。例如，**血缘至亲的疏离与撕裂就是切肤的伤痛，难以忍受**。

伤害他人的人，有些是有意识的习惯性伤害别人，主动攻击他人，有着以故意挑衅伤害别人快乐自己的目的，遵循着与人斗其乐无穷的人生准则。这种人是绝对不会为他人着想的,不会尊重他人,不会道歉不会求和解。这种人是被伤害人被伤害事件的系铃人,要解除被伤害人所受的伤害,这种系铃人是不可能去解铃的,可恨。

伤害他人的另外一些人可能真的是无意识的,或者不是针对对方的言行无意间伤害了对方。这种人尽管也是伤害他人事件的制造者,但他们中有部分人或许会主动去解铃。

系铃人去解铃,天经地义。不管是无意识还是有意识地伤害了对方,如果希望达到双方真正的快乐与和解,那么唯一有效的办法是系铃人的解铃,向被伤害者诚恳地认错与道歉。

(2)显然,经自己不懈的努力达到自己理想的目标是一种自然的愉悦。但是在遭受到他人的伤害后,欲寻求自己的平静与快乐是非常困难的,甚至一味地忍让会被认为可欺。

首先,被伤害者绝对不可能独自彻底修复所受到的伤害。也就是说,**受到外人伤害的人的真正而自然快乐是不可能经自我控制与调节而获得的**。或者说,被伤害者要清除所受到的伤害,赢得真正放松的自然的快乐,自我努力与调整是没有用的。这是一个不可否定的命题。

要求受到外来伤害的被伤害人经自我努力自我调节得到缓解,显得太天真太不公,似乎有点残忍。因为那种快乐很不自然,有点做作与虚假。因为那种快乐是对快乐的一种扭曲与压抑。因为那种快乐只是被伤害人的自我忍让、自我吞咽与自我情绪的暂时转移。

(3)有些善良者会去安慰、陪伴被外人伤害的人,可能会让被伤害者获得一点点欣慰、感动与快乐。一串劝说词与肢体语言,或许是劝慰者为他人着想的善意,被伤害者可能会勉强显露点尴尬的微笑,但其隐匿着的苦衷也显而易见。被伤害者的这一丝佯装的微笑是那么的僵硬与无奈,是那么的不得已而为之,往往只是被伤害者的情绪得以暂时转移,也许只是对劝慰者的一种礼节性谢意。由此可见,当事者之外的人的劝慰效果微乎其微,关键还须系铃人来解铃。

较佳的劝慰方式应该是,**善良的劝慰者去劝说伤人的系铃人向被伤害者认错与道歉,劝系铃人去解铃**。但如今采用这种正确的劝慰方式的人异常难觅。

(4)显然,被伤害者的释怀与**自然而真实的快乐是由伤人的系铃者控制的,并不是被伤害者自己所能完全彻底控制的。**

希望对方真正的快乐,就不要去伤害他。如果谁也不去伤害别人,那么也就没有被伤害的人与事。**没有系铃也就没有解铃**一事。

真正希望对方自然的快乐,就和他平等相待、互相尊重,就和他真诚的陪伴、专注的倾听,就对他给以肯定、同情、欣赏与赞美,却不可否定、菲薄、顶撞、批驳、诽谤、羞辱、诬陷与冷落。因为平等、尊重与沟通能使双方都快乐。

如果伤人的系铃人已经使对方受到了伤害与不悦,那么伤人者千万不能再争辩自己是无意的,或说出各种各样的借口与理由,或反诬对方是矫揉造作。因为这样做只会让对方再次受到伤害,其只会更加愤恨与痛苦,加重其受伤害的程度,而于对方真正的快乐却无济于事。

"厚德于心善为行。"为他人着想,伤人的系铃人应该认真地承认自己的过错,去认错去道歉去解铃。

第五节　广义性劝慰

给他人一些祝愿与鼓励,也是为他人考虑的一种良好的广义性劝慰,会使人欣慰与满意。

本书的初衷是愿大家做位为他人着想的好人,期望你能谦逊、倾听、反思、道歉、感恩与宽容,等等,这在一定意义上都是广义性劝慰。

为你为他为社会,本节奉劝大家经常参加体育运动。因为人的一生**体是基础、德是根本、悟是关键、勤是前提**,而力量、耐力、柔韧又是生命健康的坚实基础。

一、胸　肌

在大学校园里,几位穿着短袖 T 恤衫的男孩让我眼睛一亮,令人羡慕的完美匀称的形体,帅哥的阳光之美映入眼帘。每人两大块胸肌让我目不转睛,雄健手臂的肱头肌一块一块凸显,八块腹肌显露易见,肌肉紧实线条分明有力而富有弹性,挺胸收腹的挺拔身材,当今难以寻觅,真是罕见,让我惊讶,让我激动、兴奋,使我久久难以平静。我为他们骄傲,为他们欢呼!

他们什么时候开始力量的训练,是什么萌发他们去健身等疑问纠缠着我。他们似乎看出我的疑惑,微笑着对我说:"老师,就是你提出的男人胸肌论观点促使我们坚持每天走进了健身房。还不到半年,我们已深深感受到男人拥有胸肌的自豪与自信。老师,谢谢您!"我真高兴!一为他们拥有男人雄健有力的体魄与气质;二为他们善于倾听与反思的优秀品质。

肌肉是雄健有力的象征。身上的每一块肌肉都是一件艺术品,前展、侧展、后展与内涵的各个角度欣赏它都有其独特的美感。**肌肉之美既是一种自然之美,又是精神之美**;它既有外露形态的和谐匀称之美,又有内涵或暗示的健壮力量与胸怀。它是人之骄傲,做好人的基础,因为为他之人需要有强健的体魄为基础。

二、体育精神

生命的意义在于奉献,生命的价值在于生而为他,但奉献与为他的基础是拥有健康。只有拥有健康,才能应对人生的艰辛与激烈的社会竞争,才能优化自己在社会生活中的地位与作用,才能使自我价值最大限度地体现出来,从而奉献社会,考虑他人。如果没有健康的身体与健康的心理就无法享有生活、感受幸福，无法享有奉献与为他的快乐。失去健康便丧失了一切。

（1）健康包括生物学健康、心理学健康与社会学健康三个方面，而躯体健康是人整体健康的基础。健康是人人应该享受的基本人权。

体能是躯体健康的一个重要方面，力量是一个人体能的重要体现之一。胸肌、臂肌、腹肌、腿肌等肌力就是力量。力量是人必须拥有的体能之一，又是人应该具有的气质与精神。青春是生命中一道最亮丽又短暂的风景，年轻时练就强健的体魄，将为自己一生的奋斗打下坚实的身体基础，更是有体育精神的体现。

（2）体育精神之一的更高、更快、更强是人类挑战自我、超越自我的过程，也是能吃苦、能坚持、肯担当、负责任的精神的凸显。如肌力的练成需要坚韧不拔持之以恒的执着，需要顽强拼搏吃苦受累的毅力。没有长期艰苦不懈的锻炼是不可能练就胸肌的。体育运动是一种磨炼，是一种精神，是一种坚持，也是一种享受。

（3）体育精神的另一方面是培养自己养成良好的习惯。一般一种行为坚持 90 天就会成为一个稳定的习惯。坚持运动的人，一般都有着良好的生活规律和习惯，也形成一种良好的人格与生活态度。良好习惯的形成往往需要主观上的深刻认识与客观外界的逼迫；良好习惯的养成还应该趁早立规矩，如果对不良习惯听之任之，长久之后就难以改变了；良好习惯最重要的一点是培养自己的好人之心、好人之言行的向善习惯。总之，**良好的习惯是做人之福、生命之缘**。

（4）体育精神的再一点是让人有责任心。一身强健的体魄，坚硬而富有弹性的胸肌和肩膀，还能每天奔跑几千米，充分显示了一个人的气质、习惯、自信、进取、执着、意志、坚强、坚持、拼搏、态度与人格等精神品质，也表明了这个人会对自己的现在与未来负责，必能担当起家庭与社会的责任，又必定会去考虑别人做位好人。

这就是体育运动的魅力、体育精神的神奇。运动是一种时尚的生活、科学的精神、事业的基础。如果朋友们接受我的胸肌论观点，那就去实施吧。你要聪明，去跑步吧；你想强壮，去练肌力与耐力吧。你希望家庭幸福事业有成永做好人，就终身运动吧！

第八讲
厚　德

　　万物间必定是互相依存、交往与协同的。人们在社会生活中应该遵循一定的基本行为准则与规则,以约束自我的言行,调整和他人及社会间的关系,这种行为准则与规则便是德。

　　德是社会的意识形态之一。**德的本性是自律,**是一个人内在的品质。德的本质就是为他人为社会着想,考虑他人的感受,使他人生活得更好。

　　厚德是指要用宽厚的德行来容载万众、万物、万事、万象。

　　德的内在为信念、习惯与传统;德的外在为善,具体表现为志愿服务、捐赠遗体、见义勇为、善意的倾听与陪伴,还有谦卑、感恩、道歉、反思、宽容等。

　　"厚德于心善为行。"厚德是中华文化的精神之魂,厚德精神承载着历史与时代赋予的使命和责任。待人厚德为上,做事厚德为先,长养厚德。

厚德含博大的胸怀和日常的道德修养。厚德是仁义之心，懂得是非、善恶等，鼓励并督促为人行事都应该遵守公认的道德品质。这种道德之心俗称良心。

第一节　谦　卑

楼外有楼，山外有山；天外有天，人外有人。

这提醒每个人应该有谦逊之心，低调做人。**待善者宜谦，待贤者宜恭。**

它又告诉我们这世上是没有"最优""最强""最好""最美"等一说的，只有"次优""次强""次好""次美"等，或者冠以"亚×""广义×"等。

一、最优与次优

（1）客观规律告诉人们：这个世界上没有"最好"也没有"最坏"，没有"最优"也没有"最差"，没有"最棒"也没有"最烂"，没有"最大"也没有"最小"，没有"最美"也没有"最丑"……因为副词"最"表示某种属性达到同一类的人或事物的极端，表示这种属性只在某个特定的时间区间内、某个特定范畴中已无法被超越。"最"的局限性意味着：若超出这个特定的时间区间，或超出这个特定范畴，则这个"最"也就没有意义了，不可能存在完美无瑕。

（2）没有"最优"类一说，还因为对优与劣、美与丑等的各种认知和评判标准都是相对的，又是可能会有交集或碰撞的。

例如，如果人体体型有"最美"一说，那么其最美当然属于黄金分割型体型，因为它是自然界固有的最纯正的自然美。当前有一部分人所追逐的美却是修长腿型，它只是一种片面的社会认知而已。显然，这种对最美的认定和黄金分割型自然美相比后就不能称为最美了。

又如，对称美、统一美、简洁美和奇异美的追求是重要而基础的创新思维，它在人类文明与科学发展中作出过重大贡献，但这四种美的思维也不能说是最美的、最优秀的。因为人类历史上和未来的许多重大创造和发明都是由各种创新思维的交叉融合而成的。

再如，除特殊情况，这世界上很少有"最爱"存在，也很难有"最恨"出现。如果你的所谓"最爱"的人执意离开你，则你不要过分认定其是最伤心的，因为人一生比失恋更悲更痛的事还会有许多。如果你获得了所谓的"最爱"，则你也不要过分陶醉。因为这世上更值得你爱的人与事还有许多。

（3）"最×"只是一种期望值，一种极限值的表达。例如，"无我"似乎是一种最美一种最优，但是"无我"又是一种虚幻妄想的完美，一种可望而不可即的理想。

既然"最优""最强""最美""最好"等是不存在的，则能够达到"次优""次强""次美""次好"等就很好了，就比较现实，能给自己留点余地,可以活得轻松些快乐些潇洒些。例如,**放弃追求"无我",去执着践行为他人着想,就是一种次美次优的行为。**

　　践行次美次优是在争取更美更优,进一步趋向于最美最优。

　　(4)完美是美,但完美有点欠缺或不全的次美可能更美。这种残缺美是一种奇异的美,**奇异美蕴含着创新之源与好人之魂。**

　　事实上,我们每个人都是不完美的,都不是最优的,且每个人都会有不足与无力的时候。**承认自己不是最优的,既是客观事实,又是自己的谦卑,更是对他人的尊重。**

　　如果真的要给自己打气加油,争取今后有更大的成就,就应该勇敢地承认在一定的时空里、所处的环境里自己不是最优的。**承认自己不是最优的,**表明自己尚有提升和努力的空间,在次优基础上争取更优以趋于最优。

　　奉劝某人"不必追求最优""不必争最高职称、最高收入"等的本意是对对方的关爱,绝对不是瞧不起对方的意思。这是在于追求次优争取更优趋于最优的客观现实。

二、谦卑小析

　　谦卑是一个人平和与善良的表露。谦卑者很清楚,在这广阔的世界里自己的渺小,在这无限的时间中自己生命的短暂,便能充分理解谦卑的深刻意义。

（1）谦卑者相信"三人行，必有我师焉"，相信强人之外必有更强者。谦卑者会**习惯性地掩藏自己的锋芒，约束自己的言行，会充分地考虑他人的感受。**谦卑者会谦让愿宽容，肯道歉懂感恩，还反求诸己与唾面自干。谦卑者的口头禅多是"我试试""我努力""我争取""我们一起商讨，互相学习"等。

谦卑者低调做人，不张扬不夸大，踏实地默默做事，但也不会谦卑过度。

谦卑者待人特别有耐心，善于倾听，善于阅人，谦卑有加，敬畏有余。谦卑者往往大智而若愚，藏优而示弱。

谦卑，是好人的一个必要条件，即好人必定是一位谦卑者。由无之必不行可知，没有谦卑品质的人心中必定不会有他人，故必定不是为他人着想的好人。

（2）如今，谦卑似乎已被许多人遗忘。不知从什么时候开始，有人总是喜欢到处张扬自己、自炫其能，喜欢在大庭广众之中大声说"我是最棒的""我是最优秀的""我最有才""我最强最帅""我最美"，等等。

遗忘谦卑的另外一些人的表现是会习惯性地处处事事摆出一副似乎什么都懂，什么都很内行，什么都能高谈阔论的姿态。似乎唯有他一个人能站在道德的高地、有最正确的观点，审判式的咄咄逼人压制别人说话，甚至在跨学科的专业学术研讨中也会横插一杠滔滔不绝，迫使他人噤声。真是可笑至极，真是不知天高地厚，真是不可思议，让人莫名其妙。

奉劝遗忘谦卑的人：千万不要对自己轻易地冠以"最"字。

否则，就显得太没有自知之明，还是对他人的鄙夷。注意：谦卑点，对自己对他人都是有益的，"谦受益，满招损"。

人们当然不喜欢以一副盛气凌人的架势把自己的所思所知迫不及待地展现出来的人，更不喜欢倨傲地凌驾于他人之上的人。

（3）显然，**谦卑要适度。**既要显露谦卑，又不能谦卑过度。

谦卑具有两面性。没有谦卑便显得狂妄自大，容易导致迷失自我，让人厌恶。谦卑过度或显得有点虚伪做作，或容易被别人误以为你真的一无所能，或容易给对方机会更加肆无忌惮地鄙视你、伤害你。

谦卑者绝对不是无能之辈，却是能为他人着想的聪明人。

谦卑者，人敬之。

（4）当今铺天盖地的征婚广告中，许多人一点谦卑都没有，肆无忌惮夸大其人其事。或者说自己有多少多少财富与实业，或者说自己是多么多么聪明、善良、贤惠，或者说自己有多么多么的高颜值……这些都让人难以相信其真实性，甚至怀疑广告是在骗婚。然而有一则女孩的如下征婚启事让人眼睛一亮，征婚词写得谦卑又有点个性，有点幽默又真实，吸引了大批男孩。

　　我，一女孩，1990 年生，天蝎座。身高 165 厘米，体重 48 公斤，不知道怎么样，不算矮不算太高，不算胖也不算太瘦吧。皮肤还算白皙，双眼皮不是人造加工的。

我学历不高，本科毕业。收入不高，年薪过十万，是养活自己应该没有大问题的白衣天使。你，学历不要太低也不用太高，不然我会有压力，俯视与仰视都会太累。

我性格随和，遵循他人先说我静听的处人处事方式还可以吧。对他人我没有控制欲，对老人、弱者有着天生的怜惜之情之行，期望你同此。

运动、阅读是我的兴趣爱好，不会让你反感讨厌吧，希望你也如此。我爱笑，且笑点很低，不是不稳重吧，愿你也有幽默细胞。

如果你的言行比较娘，又爱留长指甲长头发，则请你绕行。如果你控制欲较强，脾气大且惰性强爱计较，事业无理想，情感不专一，也请勿扰。

第二节　反　思

反思，是指对认知与思想本身进行反复思索与比对的一种活动。反思是一种自我对话，又是一种阅人过程。反思之一指回忆检查自己过去的思想行为，反思之二指对他人的言行加以思考与分析。肯定正确与优秀的，摒弃错误与陋习，使自己或他人更强大更美好。这就是反思的意义所在。

人们用一点点时间，或默默思索，或观察比对，或和他人研讨，且听且思，且察且思，且诉且思。反思某些现象对人类的影响；反思自己的一言一行对他人的影响；反思他人的言行对社会的影响。思考自己是否应该或警惕或借鉴或吸纳。例如，他人不悦反求诸己；他人乐了己亦乐也。

"以古为鉴，可知兴替；以人为鉴，可明得失。"其意也是告诉人们反思的意义所在，懂得以他人为镜，以自己过去的一言一行为镜加以思考。

人这一辈子都应该在反思中度过，才能活得轻松点自在点，这或许是"人移活"的另一层意义。因为人的一生都会不由自主，可能会陷入迷宫，在迷茫中怀疑、失望中绝望。

一、和而不同

和而不同，是中国古代思想家提出的伟大的哲学命题。和谐而又不千篇一律，不同而又不彼此冲突；和谐可共生共长，不同则相辅相成。和而不同是观察各种现象、处理各种问题的一种重要思维方法。

和而不同，要求我们每个人多加反思。每个人的思想观点、文化理念、工作方式、生活习惯等的不同是客观存在的，不可能要求别人完全认同自己的想法，这就是存异与不同。但是，我们每个人都要善于倾听并加以反思。思考分析对方的想法，思索比对自己的观点，双方不发生冲突，而寻求能相辅相成、共生共长的共同点，以达到和。

二、"马后炮"

"马后炮"是一种事后举动，其意义就在于善反思、辨是非、能醒悟。有人认为事情已经结束了再对此谈论什么看法根本没有用，是事后诸葛亮，于是用"马后炮"嘲笑善于反思者。

持有"事情已经过去了，无法后悔，不要遗憾"的观念，显然是不可取的。因为对过去犯错的后悔与遗憾就是在反思过去。认真反思过去的结果会或有后悔、或存遗憾、或能道歉。进而，该更之的更之，该宽容的宽容，该道歉的道歉，主动服个软认个错。

对过去的举动有后悔、存遗憾、能道歉，足以说明你确实在反思有醒悟。不会反思的人也就没有后悔与遗憾的思想活动，也不会有道歉行为。

例如，一位年已半百的男子在父亲去世后写下一段"马后炮"的话，正是他反思活动的结果。虽已无法弥补，但至少有人生一悟。

　　我悔恨：我经常沉着脸很不耐烦地打断父亲的倾诉，埋怨父亲当时委屈的神情，常常浮现父亲硬生生把话咽回去的痛苦表情。

　　我悔恨：自己在欺侮不会跟自己抗争又是生养自己培育自己还助育自己的亲生父亲。

　　我悔恨：我瞧不起很有成绩很有人缘的父亲，没有倾听与陪伴父亲。

　　我悔恨：我没有满足父亲想拍一张全家福照片的愿望；我没有操心父母的墓地；我没有……

　　爸：我错了！对不起！

　　一个人始终不去想自己有什么过错，却在父亲去世的家庭变故后突然想明白一些人生的道理，尽管代价太大太大，但总算他反思了一回，做了一次"马后炮"，有了一点悔恨与醒悟，还是一件可喜的好事。

　　我们不可以用"马后炮"一语轻易地全盘否定反思的价值。

　　现实中，总有人劝说别人"过去的就过去了，不要再说了"，这是一种莫名其妙的声音。我们应该在谈论过去已发生的人与事中认真反躬自问，尤其是找出过失与不当的原因，以免以后再犯类似的错误。我们应该谈论过去，反思过去，看清过去，看清别人和自己，看清本质跳出局限，建立崭新的思维，调整战略战术或技术路线，掌握解决问题的能力。例如，科学研究中失败或成功后的总结正是如此。球类比赛中"暂停"的作用也是如此。

　　人毕竟是血肉之躯，一生中必有不当与不足，如懒惰与贪婪等,只要能充分地回顾自己过往的缺点,不自欺欺人,就是很了不起的。如果回想起自己过去的经历,存在该做的没有做,或做了不该做的事,说了不该说的话,而负疚抱愧、追悔莫及,这就是"马后炮"式的反思。

三、反思小析

好人一定善于反思,即会反思是好人的一个必要条件。换言之,不会反思的人不可能是好人。不思不想不会反求诸己,必是无感无知无情。

(1)善于反思者满足如下必要条件。

善于反思者聪明又有智慧。而"任己见"者是不肯反思,又闭目塞听、抱残守缺、作茧自缚的人。

善于反思者必定是肯学习会观察之人,不肯学习不会观察的人是不会反思的。

善于反思者一定善于倾听,不会倾听的人也是不会反思的。

善于反思者必定具有谦卑的品质,**常思己过,多思他优。**颐指气使者不肯也不会反思。

善于反思者充分理解"智者千虑也有一失"和"愚者千虑也有一得"的道理,故会充分注意到大家的感受,且该更正的更正,该道歉的道歉,该接纳的接纳。

这些必要条件或许正是反思之难。

反思可以在沟通与对话过程中进行,听听对方想想自己。**以沟通代替争辩,以对话代替对抗**,反思就会有很不错的效果。

(2)反思是创新活动中一个很关键的环节。反思众人的创新思维,思索他人的研究成果,吸纳其精华而有特色的思维方法,获得另一种全新的思维方法,改变自己定势的思路,必定会有创新。

例如,参加学术会议的目的就是去倾听去反思。即使是不同的研究领域,听听别人的科研思想、采用的技术路线与创新思维,反思比对自己的研究问题,或许豁然开朗,蓦然回首,新的研究思路和方法或许正在灯火阑珊处。

做位有思维有人格的人,做位有前瞻能创新的人就应经常反思。

(3)倾听、善问、勤思、明辨是人生哲理所在,它们是一种阅人的过程。阅读他人,反思自己,重复叠加便可加速自己成为好人。

反思之因在于谦卑,道歉之源在于反思。在生活中善于反思,在善于反思中生活是好人的生活方式。

静静倾听,深深反思,淡淡释怀,慢慢变美。

视思明,听思聪,貌思恭,事思敬。

(4)关爱弱势者,如关爱老人与孩子都是为他人着想的行为。对父母对老人的关爱、肯定、赞美、鼓励、容忍、谦卑、感恩等再过度都是应该的正常的,一点也不过分。

然而,对孩子的所谓关爱就值得每个家长认真反思:你到底是为孩子的一生考虑,还是仅仅为孩子的一时考虑。

如今,许多家长视孩子为掌上明珠,捧在手里怕摔了,含在嘴里怕化了。在孩子的生活与学习中包揽一切,没有尽早立下严格的行为规矩。对孩子过度表扬、过度鼓励、过度关注,却没有对孩子予以约束与批评,以及让其经历挫折。在孩子面前不断让步、无尽溺爱,甚至为他们的过错而开脱的现象较为普遍。结果,孩子长大后缺少基本的独立生活能力与独立学习工作能力,不会去考虑别人,没有良好的习惯,没有规范的行为。碰不得说不得的习惯已使其进入社会后经不起任何挫折,困难面前束手无策,又听不进半点批评与建议,成为或骄横一世或无所适从者。此时的父母才追悔莫及,才反躬自省当年对孩子的过度溺爱是否恰当是否值得。管教比包办、惩戒比溺爱更重要。

又如,因为有着"不想让孩子输在起跑线上"的执念,许多家长不惜花费大量金钱与精力,不间断地给孩子报许多所谓的"培优班"。这种超前几年学习后续知识的培训,容易导致孩子的厌学、叛逆与被摧残,产生或骄傲或自卑的心理缺陷。孩子是承受不起和当时年龄不相符的各种培训的,容易出现劳而无功、得不偿失的结果。

对孩子的教育应该有这样的反思:在孩子的整个成长过程中应该**遵循人成长的自然规律**,在相应的年龄段内做好该年龄段中应该做的事情,不必超前、不要超量,但也不能滞后。

俗话"三岁性格看到老",故在幼童开始的整个青少年时期,家长关键应该抓住对孩子的为他人着想的核心教育,培养孩子的独立生活能力、良好的性格与习惯,肯吃苦能承受批评与挫折,会约束自己宽容他人,能接受惩罚以及自学习能力,等等,这才是对孩子的一生负责。要知道:一个人的**独立能力**与**自学习能力**远远比"起跑线"更重要,更有持续的后劲。

第三节　道　歉

歉,意在有对不住别人而心感不安的感情。道歉是一种表示歉意的行为,其道是指歉应该用语言道出来,或用眼神、肢体等表达出来。

一、道歉小析

道歉,是谦卑的一种表现,是反思的一种结果。道歉,是为他人着想,是把一份尊重给予对方,是一种能宽容、懂真情、会珍惜的理解型忍让。诚恳的无私的道歉是一种高尚的人格胸襟,是和人接触沟通的一个重要环节,可使人与人之间和谐友好,可以消除双方的误解与不悦。

道歉的一个必要条件是心中行中处处有对方,有真诚的心与主动的行动。心中没有他人的人是不可能道歉的。

道歉的另一个必要条件是善于倾听与反思，即不会反思、不会反躬自问者是不会道歉的。善于反思者在察觉到对方的不悦后会心存不安，为了对方的情绪，就会及时道歉，说声"抱歉""对不起""不好意思"等，不管自己有没有过失或不当。因为大家懂得**"对不起"是一种真诚的表白，"抱歉"是待人诚恳的表现**，被道歉方回答"没有关系""不要紧"也是一种风度。因为说几声"对不起""抱歉"，自己没有什么了不起，对于被道歉方却是了不得的。

不会道歉者是不会考虑到别人的，不会顾及对方的精神情感的，不会给对方以尊重。不会道歉者往往会固守己见，坚持"我为什么要道歉""我有什么要道歉的"等。

不会道歉者往往擅长强词夺理、善于诡辩，甚至编事实造谎言时脸不红心不跳。他们习惯以伤害别人为乐，或伤害了别人又习惯于假装全然不知。这真是一个大蠢人，连对"我有什么可反思可道歉"这句话本身就应该好好反思认真道歉都不懂的人，真的好可怜、好无知、好无情，而这些人最终也会自食恶果。

二、道歉的意义

道歉是为了被道歉者的舒服与尊重。显然，肯道歉、会道歉者是会处世、有激情、有威望、有他人，有着良好的人脉与团队精神的人，这就是道歉的意义所在。如今，为什么有那么多人不懂得道歉的意义与作用呢？为什么有那么多人不愿道歉呢？实在费解。

例如，一位耄耋老人在傍晚时分散步时，灰暗的天色下突然一只大狼狗窜到老人面前，吓得老人差点昏厥过去。然而旁边遛狼狗的主人连道歉、安抚都没有，就径直离开了。狼狗主人的狠心暴露无遗。

大智若愚、强而示弱的道歉者的人格与境界十分难得，必会获得大家的敬重。贤达者勇于承认自己的不当或过失，勇于道歉是难能可贵的，更能赢得尊敬。

道歉，是为他人着想，让对方快乐的良药。道歉，是能达到不留伤痕的和解的方法。道歉，也是伤人者自我反省审视人生的表现。

伤人者向被伤害者道歉认错后，可使被伤害者释然而快乐。被伤害者快乐了，伤人者也就会轻松而快乐，这个快乐的因果关系链十分清楚。这就是道歉的意义。

道歉并不是一定表示你的不当或过失，不是表明你的无能、软弱、退却、从权，也不是让你失去自尊或丢掉面子，也不会有人有一丝瞧不起你的意思。道歉并不能说明谁强谁弱、谁智谁愚，却是一种理智与胸襟。**道歉是控制约束自己的行为，是解决问题的最好方法。**

三、道歉之难

道歉似乎有点难度，难在道歉者放不下面子，又难在被道歉者不接受道歉,甚至讥讽道歉者,认为道歉未必能解决相关的问题或没有必要。道歉之难又或许难在道歉者是一位不懂道歉的人,缺乏真诚与主动,或道歉的方式、方法不当。这种自始至终执迷不悟,不肯认错不肯道歉者是最可怕的人。

道歉需要勇气,并不是难以启齿的。没有勇气,道歉就会流产。

道歉需要艺术,妥帖的语言与适当的肢体表示能让对方舒服。

该道歉的就道歉,让主动服个软变成大家的习惯,"对不起""抱歉"成为大家的口头禅,这个社会就会十分和谐又美好。

四、感受道歉

一个人要允许别人道歉,**接受对方的道歉也是一种境界。**

(1)在打乒乓球时,如果一方把乒乓球拉向对方台面擦边或翻网轻轻落入对方球台等使对方难以接着球,拉球方会自然地举起手。这是向对方表示"对不起"。技高者和初学者打乒乓球时,如果发生球落在初学者球台上的位置不合适时,技高者往往会习惯地说"我的,我的"以表示"不好意思"。若初学者举起手则是表示"不要紧"。这种乒乓球界约定成俗的习惯动作与语言是一种反思与道歉,是一种精神境界,让我们肃然起敬。

人们在日常生活中遇上小摩擦时,如果也能举起手表示"对不起",说声"我的"以示承担职责,社会上冲突就会大幅减少。

(2)在一公共洗手池旁等候着许多人,突然挤上来一个插队的小女孩,她洗完手将湿淋淋的两手使劲向旁边甩。一老者告诉小女孩你甩了大家一身水,女孩只说"没有看见",而不是说"对不起"。那么多人在你身边竟说没有看见,只能说明她心中根本没有他人。这还引来旁边女孩母亲极其不悦的回应:"不就是一点水吗""小孩又不懂"等的恶语,众人对此哑然无声。

有一男孩在公共汽车上吃辣条,封闭的车厢顿时弥漫着辣条味,司机师傅多次提醒男孩妈妈这是禁饮食车厢。男孩见妈妈没有说他什么,便又撕开另一袋浓味薯片响亮地"吧唧吧唧"起来,还朝司机做鬼脸。车到终点站后,司机要求他们把扔在车上的垃圾清理干净,却遭到小男孩妈妈的破口大骂,话语极其难听,甚至打了司机耳光致使司机听力受损。小男孩妈妈的意思是"在公交车上吃东西扔垃圾是我的自由""小孩哪懂这些""让我捡垃圾,我多没面子"等。其实,她的这种歇斯底里的表现才是丢面子失事理。

这两个母亲有一个共同缺点就是不肯道歉不肯更正,以"孩子还小不懂"为孩子的过错庇护。孩子还不懂该做什么不该做什么,但已身为人母的你应该懂得你们的周围还有他人的存在;你当然也懂得"更者,人皆仰之;歉者,人皆敬之"的道理;你更懂得"三岁习惯延续到老""孩童言行全受父母影响"的道理。如果这两个母亲当即纠正孩子的过错,向大家道歉,那么不但问题很容易解决,而且你会很有面子,思想品德得以升华。否则,你的孩子将来必会受到"没有教养"的诟病,身为人母的你更是会受众人鄙视。这种反省结果让人们醒悟:对孩子从幼养成良好的行为规范,培养会道歉的习惯与心中要有他人的思想必会让孩子终身受益,这是何等的重要。

(3)愿谦卑、肯反思、会道歉的核心是考虑他人,这类人必定朋友多且受尊重。因为**谦卑之心、反思之习、道歉之行**都是好人的基本素质,且三者互相关联。

如果在事情发生的当时,没有注意到对方或旁人的感受与苦衷,但能在以后的**成长中不断反思,在反思中成长**。经过一段岁月后,感受到当时这件事是自己没有顾及他人的感受,是很不应该的,后来补说出一句道歉的话,感恩的话,付出该感谢的行动是理所当然的。尽管是迟来的道歉,还是可以让人接受的,这种接受是被道歉者对道歉者的宽容与尊重。

例如,一农村家庭的姐弟俩聪明又勤奋,当年两人都考上了高一级的学校。因家里贫困无力负担他们同时去读书,姐姐毅然辍学让弟弟继续读书。弟弟不知推让更不知感恩,全然没有顾及姐姐当时无奈抉择的感受,姐姐离家外出打工并一直资助着弟弟。随着弟弟学成长大后才理解了姐姐当年痛苦的感受以及艰辛的付出,后来弟弟以自己独特的方式对姐姐表达了自己的歉意与感谢。弟弟迟到的体会到他人的感受,已使姐姐很欣慰,也受到大家的欢迎与尊重,因为知感恩、会反思、善于理解他人是一种品质。姐姐对弟弟迟到的理解和道歉也很是满意。

又如,一淘气的小男孩在所居住的小区内用石头划损多辆汽车,其父母的感受是应该让孩子独自承担。于是在父母的陪同下,让孩子一一登门道歉,并承担赔偿。被划车的车主等人感受到了孩子及其父母的真诚和勇于担当的责任心,特别感动。

反思迟到的醒悟、正面的感受还是值得称赞与肯定的。**迟来的道歉也是道歉**,它比不肯道歉的强得多。

道歉之源在于反思,一生反思锻冶好人。

第四节 感 恩

感恩,是对别人的慈心善意和所给予的支持与帮助等表示感谢,对所得到的好处与利益等表示感谢。

这世上,没有一个人是完全独立的。每个人都需要他人的扶持,需要依托社会,才能使自身的价值得以实现。所以我们应该记住各种恩惠,且**感恩之情要及时用语言表达出来,用行动表示自己的感谢。**

懂得感恩是衡量一个人品质的基础标准与第一要素。

一、感恩的对象

辨识清楚谁是自己必须感恩的对象,是一个人拥有的最基本的辨识力。有人分不清感恩的对象,甚至错把恩惠当仇恨,错把感恩对象搞颠倒。这类人太可恶了,这种事是感恩活动中最伤人的悲剧事件。

（1）感恩父母。感恩父母赐予我生命,养育我长大,宠爱我一生。感恩父母的深厚恩德,无私与宽容。感恩父母在自己的习惯上、事业上、生活上、经济上、教育上等竭尽全力地帮助、支持、培育和呵护。感恩父母的健在,让我知道自己的来处与起点。感恩父母让我懂得对父母对他人应该多着想多关爱,温顺敬畏,主动承欢,耐心倾听。每个人都不应该忘记父母对自己的恩惠。**感恩父母是所有感恩中第一位的**。

终身仰慕赏识父母。孝顺父母是天职,更是一种感恩。仇爱不清,敌我颠倒,拒绝被爱,不知感恩父母的人是对德不明对孝不清。

这世上,嫌弃父母、瞧不起父母、限制约束父母的子女不在少数,但是世上**从来没有瞧不起子女的父母**,也没有不爱子女的父母。

不知感恩父母真是一种罪孽。**不知感恩父母,则其一切的感恩都是假的**。显然,不知感恩父母的人,对其他人感恩的真诚性也会让人怀疑,他们是实实在在的两面性伪人。

（2）感恩天地。感恩天地给每个人提供了生存的保障,感恩社会与时代给我们提供了个人发展与追逐理想的机会。

对自然的敬畏与感恩。若破坏了天地固有的自然规律,则人类必难以生存。

尊重自然、顺从自然、保护自然、感恩自然,促进人与自然的和谐共生、天人合一。

（3）感恩他人,敬畏好人。感恩所有对别人对社会抱有善意与作出贡献的他人。

感恩恩师。感恩恩师赐给我知识与智慧,使我们免入愚昧。不知感恩恩师者,没有良心没有人性。

感恩贵人。感恩贵人赏识自己,并给予机会和扶助。感恩贵人在自己人生关键时刻给予的指点,否则便是忘恩负义。

感恩相知。相知是指相互了解,感情深厚,肯让步且关系融洽的亲密朋友。感恩相知陪伴着自己,感恩相知在自己最需要的时候毫不犹豫地尽力支撑与陪伴,感恩相知接纳被爱。不知感恩的人难以为知己。亲人应该是相知。

感恩愿意对自己畅所欲言倾诉的人,感恩能把内心的痛苦与冤屈等情绪彻底摊给自己的人。因为他们充分信任、依恋、尊重自己,当然应该十分珍惜这份恩情。

感恩能理解、认同、肯定、接纳自己的人,感恩能和自己沟通、共鸣的人,感恩能倾听、陪伴、谦让自己的人。因为他们给自己信心、力量和尊重。

感恩被自己考虑过的人,感恩被自己帮扶过的人,因为他们让自己做了回利他的好人。

感恩一本好书、一篇好文章或一句经典的话,及其著者。

(4)感恩菲薄、讥讽、冷漠、诋毁、诬陷、排斥与轻诺欺骗自己的人。因为他们让自己学会忍辱修行、宽容乐观,并在比对反思后获得了新的认识和更深的领悟,使自己更坚强更奋进。也正是他们的这些行为为本书提供了某些观点与分析的案例。

感恩人生遭遇不公平对待,让自己知道公平正义的重要性。感恩人生遭遇背叛,让自己知道忠诚的重要性。感恩人生遭遇孤单,使自己知道为他的重要性。

感恩自己,感恩自己一生的努力与坚强。

二、感恩小析

感恩是表达对对方恩情的感谢,也是为对方着想的一个行为。知恩惠、愿感恩、会感恩表明你是懂恩怨、明是非、知好歹的有情有义之人。

愿感恩者首先是一位知恩情的人,即不知道受到他人的恩惠的人是不会去感恩的。或者说,知恩是感恩的一个必要条件,而非充分条件。

(1)懂得感恩是为他人着想的好人的一个必要条件,并非充分条件。换言之,不愿感恩不会感恩的人必定不是好人。

或者说,好人必定懂感恩、会感恩。能和对方分享自己的喜悦与收益、哀怒与失意就是一种感恩，也是对对方的信任与尊重。不知恩不感恩，甚至否定恩惠、诽谤施恩者的人当然不是好人。

如果一位做出一定成绩的人，不肯也不会感恩一路支持、引领、帮衬自己的父母和其他恩者，那么他也就不是真正优秀的人，更不是一位好人。

当然，知恩感恩的人有着一颗善良的心，但他们不一定是真正的好人。因为他们或许有点明哲保身而又欠缺较高的修养，或许只会接受恩惠，却不一定会为别人着想。

（2）感恩是一种社交礼貌，更是一种能力与情商，一种核心竞争力。感恩能润滑人与人之间的关系，能使社会和谐，能对慈善仁爱更忠诚。因为感恩能让对方舒服，而对方的舒服能使自己也舒服。

心存感恩的人能更好地应对生活，具有更强的抗压能力，他们很难感受到妒忌、愤怨、仇恨和妄自菲薄等负面情感。他们更受人尊重，更快乐更幸福。这些都是感恩的价值。

感恩的价值还在于彼此之间**因感恩而感恩，因感恩而呵护，因感恩而尊重与快乐。**因感恩促反思，拓展思维。一个人失去感恩将会失去很多很多。感恩的意义就在于双方在感恩中成长，在感恩中前行。

（3）感恩是容易的，就从说一声"谢谢"开始。当"谢谢"二字成为你的习惯语后，你就会更理解感恩的深刻内涵，就会崇敬感恩，会从内心深处去感恩。

感恩要用语言,或文字或表情或肢体等亲自表达出来。例如,直接说一句感谢的话,或给一个感谢的微笑与手势,或写一封感谢的信件与文章,或和对方交流些共识的思想,或去参加一些为他人为社会的公益慈善活动。这种感恩不难吧。

感恩又并非只是嘴上的"谢谢"二字,也并非简单地互换互惠,或一报还一报。应该诚心诚意地感恩,应该将感恩拓展到更广的范围,持续更长的时段。做志愿者回报社会就是较高层次的一种感恩行为。

(4)懂得感恩的人是快乐的,且具有亲和力、感染力。懂得感恩的人是能正确理解并感受到对方的恩情。

一个人面对他人,如医生面对病人,教师面对学生,经理面对客户,官员面对百姓,倾听者面对倾诉者,以及面对亲人、朋友、同学、同事等,都应该懂得感恩,这样才会面带真诚坦荡的微笑。

以医生面对患者为例进行分析。首先,患者找你这位医生看病,表明了他们对你的信任和认可,愿意将他的健康乃至生命托付给你。医生当然应该感激患者对自己的尊重与肯定。其次,每名患者通过他的主诉与配合,让医生掌握他的病症及生理心理的变化,有助于医生诊断治疗与业务提高。于是患者似乎又是医生的老师,医生理应有感恩之心。最后,患者对健康的坚定追求,对生命的热爱与珍惜,一定程度上也是对医务工作者的精神力量与支持,必当感谢。

如果医生能真正理解到患者值得自己感恩的道理,就容易做到"爱意长存心中,笑意写在脸上"。这时,医生自然会微笑对待病人,会耐心等待病人把话说完。**医生必会是一位专心的倾听者,仔细的观察者,和善的对话者**,高能的临床医生,必然没有医患间的信任危机,必然会受到患者们的尊敬,必然会获得赞美。

某大医院门口的"感谢您在最无助的时候选择了相信我们"一语是医者对患者的衷心感恩词,也是患者对医者的信任与力量。

其他人员之间的恩情关联亦然。

(5)**感恩具有传递性和循环性特征**。即若"A"感恩"B","B"又感恩"C",则"A"也感恩"C";若"P"感恩"Q",则反过来"Q"也感恩"P"。

例如,沈姓中年妇女在家庭最困难的几年里,接受了市总工会特困家庭求助基金会的资助。两年后,她主动放弃了资助,并以后每年向基金会捐款。她说:"人必须懂得感恩。"她认为帮助别人、感谢恩惠是理所当然的。社会认为像她这样的贫弱家庭主动放弃资助,并每年捐出几百元远比富豪家庭捐出几百万元更难能可贵。这不是一般意义的投桃报李式感恩,这是倾力回报感恩社会的行为,这是她爱心纯粹的表现和感恩的传递性。

又如,一家工厂突发火灾,浓烟笼罩整个城市,几百名消防员花了十几个小时才将大火扑灭。参与灭火工作的消防员来到一女孩工作的餐厅小憩。

出于感激和敬重,女孩为两位消防员的两份咖啡及配餐买了单,并留给他们一张字条,写道:

"今天你们的咖啡我请客,感谢你们为他人付出的一切。在别人拼命逃离的地方,你们却奋不顾身地坚守。你们勇敢、坚强、至高无上。请你们注意休息。"

彻夜作业的两位消防员眼眶湿润了,认为"这是一种**被尊敬、被需要、被肯定的感觉,太美好了**"。后来两位消防员把店员女孩的善良与知感恩之心写在微博上,又把女孩家生活异常艰难,她父亲卧床不起等情况发在微博上,为女孩家募捐,为女孩父亲买了一辆可供轮椅自由上下的汽车。接着,女孩就在微博上说:"我真的非常意外又感谢。我的父母教育我们要时刻善待他人……谢谢为他人考虑的所有人。"这样的结果使人们大受感动,而且喜闻乐见。

消防员救火是职责,更是为他人奉献的好人行为。以一份善心、两份咖啡、一张字条表达感恩,也是在考虑他人。消防员又为女孩的感恩之心而感恩,为女孩父亲募捐,女孩再向社会表示感恩。就这样,群众与消防员之间互相考虑着对方,相得益彰,双方都是好人。**双方都因对方知恩而知恩,双方都因对方的快乐而快乐着**。这就是感恩的价值所在,这也是感恩的传递性与循环性的表现。

珍爱着守护着感恩,互换着传递着感恩。你不需要被感恩,但我必须懂感恩。

三、感恩再析

好人总是强调自己为他人考虑的行为是不图回报不求被感恩的,这由好人的定义可知。

(1) 现实生活中,存在不少对善与恩没有感知的人,甚至对他人给予的善与恩认为是理所当然的,还得寸进尺、贪得无厌地一味索取,不提感恩。对这类人强调不求被报答是欠妥的,因为强调不求被感恩只会助长受恩者对恩惠的理所当然或贪得无厌,可能会助长受恩者的任性,导致施恩者对好人的信念产生怀疑。所以强调**不求被感恩一定要适度,注意时间、地点与对象。**

(2) 施恩者赐人恩强调不求被感恩,但是不应该被否定,不允许被诽谤被反诬。**人们对施恩者的恩惠,即使不肯定但是绝不能否定,即使没有尊重但是绝不能反诬,即使没有感恩但是绝不能诋毁。**否则你就太恶毒。

好人为他人着想**不求被感恩,但必须保证不被伤害的权益。**

(3) **请接受感恩！接受感恩是为感恩者着想的行为,**可让对方懂得应该更加为他人着想的意义,是对感恩者感恩的肯定与褒奖。接受感恩是在鼓励感恩倡导感恩,施恩者不能推辞感恩。不然,一是却之不恭,二是唆使不知恩不感恩的陋习蔓延,会助长受恩者受之无愧、不加珍惜与无休止索取的恶习。

当然,接受感恩一定要掌握好适度原则,不能贪得无厌。接受感恩超过一定的度,可能会使自己迷失方向,陷入泥潭不能自拔。

(4) 我们应该鼓励受恩者感恩,支持他们感恩,因为知恩情会感恩是正常人的本分,是对施恩者的尊重。

显然,受恩者不予理睬、不肯感恩是对施恩的好人们的一种亵渎与羞辱,尽管施恩者不会过于在意。

懂感恩的人内心有许多美的东西,人们肯定他们、欣赏他们、喜爱他们,人们也更愿意为他们多着想。感恩的意义之一是在感恩中成长与前行。

(5) 曾经有一位富有的老华侨归国后,想资助一些贫困地区的孩子。在有关部门帮助下,他得到了一些需要资助孩子的联系方式与地址。老先生给每个孩子寄去一份书籍与文具,并随件附注上自己的电话号码和通信地址。

随后,老先生焦急期盼着这些孩子的应答和互动,整天等待着电话和来信。有一天,老人终于收到一位孩子寄来的信件,孩子的信内反馈告诉爷爷东西已收到,又反复表达谢谢,并致以衷心的祝福。老人得到这种应答很欣慰,当天就给这个孩子汇去一笔可观的助学资金,同时放弃了对那些没有应答没有消息的学生的资助。

这时,朋友和家人才明白,老人是用他特有的方式诠释这样一个道理:**不会应答不会反馈的人是不懂得感恩又不肯回**

报的，是不会为对方着想的非好人。这种人是不值得资助的，否则就会助长他们受之无愧、心安理得、不加珍惜、只知索取、不知去想着别人的恶习。

要求受恩者懂得感恩会回报的本身是又一次在关爱帮扶受恩者，帮助他们懂得自己的心中要有他人，**要有给你恩惠的人**，要为他人考虑。这是一种在精神上和理念上更高层次的帮扶与施恩。

四、感恩之惑

有几种感恩现象让人疑惑。

（1）有人好歹不清、是非不明、疏离亲情、任性自我，不懂什么是恩惠，不懂哪位是恩人，便不知感恩何人感恩何事。有人习惯于只受他人的恩惠，习惯于依赖他人，对他人给予的恩惠无所谓，故根本不知感恩，还认为是理所当然的。如果有人把对方的慈心善意当作仇怨恶意来对抗，则感恩也就不会存在。产生这些现象的原因或许是他们的基因，或许是他们的生活环境与自身修养。

人若恩仇不分、是非不明，则难以立信。

（2）有人说自己非常清楚恩人是谁，明白对方的恩惠，但认为没有必要表示感恩，也不善于表示感恩，自己心里明白就行。真是莫名其妙，他们的感恩态度实在让人不解。**如果没有让对方知道你的感恩，那么感恩也就不存在**，你没有说出来,对方不知道你的心理活动,对方没有感受到等于你没有感恩。

感恩必须让对方明白,不然感恩也就没有意义。不表达感恩容易把恩人推向对立面。

(3)感恩,是让人们感动的行为。然而,如今人们对感恩的"感动点"却越来越低,这是感恩的又一疑惑点。例如,一位中年男子坐在病卧在床的老母亲身旁,牵着手微笑地对视着,亲热欢快地交谈着,没有嫌弃没有冷漠没有否定母恩。这种朋友式的母子相处是十分正常的现象,是义务是孝心是感恩,但是这段视频却在网上感动了很多很多人,让人有点疑惑不解了。"感动点"降至如此之低可能是因为许多人宁愿和所谓的朋友酒醉疯玩,却对父母惜字如金,使情感世界开始荒漠化,也可能说明有些人很多时候只乐于做一个关爱与感恩的旁观者,只会感动于别人的感恩。

人一定要有知恩情懂感恩的心与行,这是做人的基本道理。

第五节　宽　容

宽容意指有气量,能容忍会谦让,肯容纳各种意见,又不计较不追究。

宽容的价值在于为别人着想,能饶恕对方、平复自己、达到和解。

一、宽容小析

一个人与另一个人的个体之间同样需要相互的宽容与和解。两个人已经产生的**误解与怨恨,应该由损人的系铃方主动认错、忏悔与道歉**。

（1）人生有太多的酸甜苦辣,与他人相处难免会产生一些不悦与误解、纠葛与摩擦。我们还是以**宽容与和解为上**。

很多在小时候失散的儿女,在成年后千方百计寻认自己的亲生父母,并理解宽容生身父母当时的失神悲伤与难言之苦。同时又对养父母深怀养育的感恩,坚持对养父母的赡养与陪伴。这些被失散儿女的宽容并达成和解与为他人着想的精神令人肃然起敬,他们懂得"得饶人处且饶人",这就是宽容与和解。

（2）宽容是人类情感中重要的一部分。宽容是对对方的爱,是为对方着想,给别人留下余地。宽容会使自己平静,能使双方心头的冰霜融化。人际交往中,如果被伤害被误解,只耸耸肩,一笑了之,则这种宽容足显其度量与力量,足以证明其忠厚善良。

宽容是一门高超的学问,是一种处世待人的技巧,是一种最高艺术的表现,更是个人修养的凸显。善于宽容的人可以更多地获得快乐,更多地寻得幸福。

宽容是一种坚强、一种豁达,是对一切结果真诚接纳的坦荡;宽容是一种柔韧、一种执着,是对一切过程宁静致远的自信。宽容可以维护他人的尊严,赢得自身内心之平和;宽容可以化解众多的矛盾,让自己保持前行的从容。宽容是好人的基本素质,也是好人的优秀品质。

(3) 受伤害者宽容对方的一个必要条件,是伤害他人的人承认已发生的伤害事实的真相,认可自己的过错,并有忏悔有道歉。

反之,如果伤害他人的人不肯承认伤害了他人的事实真相,强调没有过错,不肯认错不愿和解,那么受伤害者就不可能真正地宽容饶恕你,也不存在和解一说。因为伤害他人的事实一旦发生,便永远不可能消失与遗忘。

伤人的事实确实存在着,伤人者不应抵赖不应推卸。受伤害者只能自己忍受与吞咽所受的伤害,并不意味着受伤害者会没有知觉,会不生气,会忘却伤痛。尽管忍受与吞咽是自我控制的一种无奈的手段,但是忍受与吞咽自己的伤痛情绪是十分痛苦的,故受伤害者只好采取或躲避或转移或咆哮释放或沉默不语等消极策略。

宽容不是忍受,不是忍辱、忍耻、忍屈,**宽容要求得到尊重与平等以及伤人的事实真相**,宽容要求沟通与交流,要求道歉与和解。

(4) 会宽容他人,愿和对方和解的人必定心地善良,但心地善良的人往往容易吃亏,容易被人欺凌与冤枉,所以宽容他人不能过度,不能没有原则没有底线,不能一味忍气吞声。因为过度地宽容他人,往往容易导致对方更疯狂,更嚣张,更肆无忌惮地霸凌,可能会助长对方不为他人着想的恶习,使自己容易受到无妄之灾。

善良人宽容了别人并不代表其软弱,却是宽容他人者的一种气度与胸怀,是一种聪明与智慧。宽容了别人不是放任、纵容与消极,而是对对方的一种尊重、理解与信任。

宽容是为他人着想的好人的一个必要条件。坚持不理睬对方或拒绝被爱的人是没有宽容的胸襟,又没有和解的意愿,故他们必定不是好人。

相争不如不争。

宽容和解,人心平和,世间和平。

二、宽容的价值

纳尔逊·曼德拉是南非首位黑人总统,著名的反种族隔离斗士。曼德拉个人的坚忍让人感受到宽容的价值。

(1) 1910 年,南非联邦诞生,作为英国的海外殖民地,保证了少数白人的绝对权力与利益,而黑人在政治经济上几乎失语,人格上受侮辱、受歧视、受伤害,并从法律层面确定黑人与白人的种族隔离制度。曼德拉热情地投身到反对种族隔离的斗争中,为自由、公平而战,遭白人当局监禁达二十七年(1964—1990)。监狱中不但环境恶劣、生活待遇极差,曼德拉患上严重的肺结核,而且监狱内种族隔离无处不在。1991 年,南非政府宣布废除种族隔离制的法律。1994 年 5 月 10 日,曼德拉众望所归地当选为南非史上首位黑人总统。当时,白人担心黑人政府的报复,曼德拉却邀请当年监狱的狱卒参加自己的总统就职典礼,并与他们拥抱。曼德拉回应道:

"当我走出囚室迈向通往自由的监狱大门时,我已经清楚:自己如果不能把痛苦与怨恨留在身后,那么其实我仍在狱中。"

"对黑人获得自由的渴望变成对所有人,包括黑人与白人,都获得自由的渴望。"

"生活的意义在于我们是否为其他人的生活带去了快乐。"

人性中隐藏着某些善良。这是曼德拉与他的对手取得和解的基础,也是南非种族和解的基础。

在种族隔离时期,南非曾发生众多侵犯人权的案件。曼德拉当选总统后采用"真相与和解"的大赦方式。

所谓真相,就是过去发生的罪行与错误的事实。白人政权犯下的罪行真相必须调查清楚,有关责任人必须认罪并忏悔。只有这样才可以被宽恕,才可以达成和解。

罪行已经发生便永不可能消失,人们**可以宽恕与和解,但是不可以遗忘过去罪恶的真相。**只有这样才能还原历史、面向未来。

曼德拉经受了那么大的不公和苦难都放下了,在还原历史真相后,他没有记恨,没有报复,而是留给南非人们平等的权利。曼德拉以宽恕与和解考虑着他人,考虑着对手,以自己的宽容与仁慈缔造了新南非,这就是他被人怀念并赢得全世界尊重的原因。曼德拉的谦逊、爱心和人道主义精神获得众人的赞扬。他的坚忍给我们以榜样,他的胸襟给我们以慰藉。这些就是曼德拉的伟大,并让人感受到宽容的价值。

（2）不能遗忘罪恶的历史,不能摆脱痛苦的过去,并不是为了延续仇恨,而是为了宽恕,为了和解,为了以史为鉴面向和谐的未来。

向世界公开承认自己所犯战争罪行的历史真相,并向所有被伤害过的人们真诚地道歉,自然会获得大家的谅解、宽恕与和解。他们的后代便会在没有历史包袱的前提下美好地生活,与各国和平相处,合作不对抗,这或许就是知耻而后勇的意义所在。

如果战争狂人们不知耻不忏悔不反省不认罪不道歉,当然不可能获得大家的宽恕,也就不可能达成真正的和解。

要不延续仇恨的前提是勇敢地面对自己过去所犯的罪行;要得到和解的前提是承认自己过去罪错,并深刻反省与真诚道歉。

美空军少将查尔斯·斯文尼是二战期间参加战斗的飞行员。他在 1995 年 5 月说过:**只有承认并记忆着所犯下的罪行与错误言行,才能带来真正的宽恕与和解;否定或遗忘意味着危险历史的重复**。对错误的历史观决不能宽容。

否认罪责意味着重犯,忘记历史意味着背叛。

历史不会因时代的变迁或时间的流逝而改变;事实不会因巧舌抵赖而消失。若一个民族不能正视自己以往的过错或罪行,又不会反思不肯道歉,则肯定是要付出代价的,是难以融入世界的。

第九讲
喜　爱

　　喜爱意为喜欢又热爱，表示对某人或某事或某物或某句话有好感与兴趣，有认同与肯定，有赞美与褒扬。例如，喜爱为他人着想，喜爱某个人或某事某物，喜爱某个职业或职场，喜爱某些微言哲语，等等。

第一节　微　言

　　包含深奥意义的精微语言通常具有较大的冲击力与感染力。许多微言孕育着博大的智慧与深远的哲理，具有消除迷惘、抹平伤痛、增强自信、温暖心灵、怡情悦性、点醒人生、提升厚德与为他人着想等能量。

一、微　言

微言大义。

笔者在浙江大学任理学教授几十年中,结合专业知识教学,就学生思想行为与人生哲理做些分析,经常为学生做点讲座,或写点本人原味的微言大义的哲语、简短的公开信,这些都为大家所喜爱。它们可供学生朋友当下和未来的人生与事业参考,希望他们做位能为他人考虑的好人,做位业务基础扎实又具有创新思维的人。

有心的学生把笔者多年的原话整理成《浙大"邵爷爷语录"》并发到网上,受到大家的追捧,现转摘如下。

他是一位温情儒雅的教授,我们是他的学生。他的理工思维与人文气息的教学,以及富有诗意的语言,给我们留下了深刻的印象。梳理后部分语录有:

你的可爱让我陶醉,你的优秀使我感动,你的青春令我羡慕,你的未来叫我牵挂。

你们是我愉悦的源泉,你们是我生命的延续。讲台使我愉悦,学生是我朋友。

一切之美,数人最美。**青春美可爱更美,自然美深情更美。**

　　教师对学生的关爱是无私的纯真的深远的，学生对老师的喜爱是最真情最珍贵最有价值的。

　　与人平等，尊重别人，也是在尊重自己。

　　人际平等与相互尊重的相聚是一种缘分与信任，相聚是情与爱的交流，是能力与思维的对话。

　　数风流时光还看明天，数风流人物还看你们。

　　体是基础，德是根本，勤是前提，悟是关键。

　　力量、耐力、柔韧是人一生健康的坚实基础。

　　每一块凸显的肌肉都是一件艺术品，是力量的象征，是男人之傲。

　　活跃的数理思维，深厚的文化修养。

　　领悟创新思维、掌握创新方法是一生的财富。

　　良好的习惯与勤谨的态度是一种美，将陪伴自己终生，它是做人之福，生命之缘，人生之基。

　　你的优秀不能被你的细节疏忽而逊色，你的机遇不可因你的习惯不当而错失。

　　楼外楼，山外山，天外天，人外人。

　　好人的充分必要条件是能为他人着想且不求被报答。

　　陪伴、倾听是对对方最大的关爱，耐心、问候是给对方最好的礼物。

　　追求为他，不必强求"无我"；追求次美，不必强求"完美"。

为对方着想，只有对方舒服了，自己才会快乐；赠人玫瑰，只有对方接受玫瑰，自己手中才会留有余香。

被人需要的感觉很幸福，被人问候牵挂的爱意很享受；被人伤害的心情很痛苦，被人冷落蔑视的生活很凄凉。

喜悦，来自对方的舒服；痛苦，来自只求自己的快乐。

忍，是对自己心理情绪的一种抑制，又是为他人着想的一种付出。

强者无他，弱者遭殃。

放弃该放弃的是聪慧，不放弃该放弃的是无知；

放弃不该放弃的是无能，不放弃不该放弃的是执着。

任何一个人的一生不可能去经历每一件事情，也不可能去实践证明每一个哲理。

追求你欲追求的，付出你该付出的，放下你该放下的。

读书似乎是艰辛的又是寂寞的，但是是一种磨练与储备，也是一种愉悦的享受。

有之未必行，爱读书的人不一定会成功；无之必不行，不爱读书的人一定不会成功。

遵循自然规律生活，该读书时就好好读书，该恋爱成家时就好好享受爱的甜蜜。

以玩赏的心态认真学习，在认真学习中领悟玩赏的魅力。这是学习的最高境界。

自然美，平凡也美，善良和真诚更美。

会倾听肯反思知更正者，人皆仰之；有谦逊愿道歉懂感恩者，人皆敬之。

有痛要倾诉，有怨要发泄，有难要求助，有喜要放笑。

不愿倾诉是无知，不会倾诉是无能。

在乎他人的感受，重视自己的反思。

耐心倾听对方的倾诉，也是在享受对方的思维高度与高尚品行。

不肯倾听、不会陪伴、没有耐心、抵制反思、拒绝被爱的人必定没有好脾气。

人一生中最大的错误就是把最坏的脾气撒给自己最亲密的人。

拒绝被爱拒绝感恩是对对方的一种否定与伤害。

交换一个苹果，每人仍是一个苹果；倾听对方思想，每人可得两种思想。

读万卷书不如行万里路，行万里路不如阅人无数，**阅人无数不如贤者指路，贤者指路尚需自己领悟。**

幽默一句话,从中领悟真谛;微笑一瞬间,从中感悟真情。

以爱动其心,以严导其行;寓爱于严,寓严于情。

教与学都是对美的一种追求,又是一种美的享受。

教师应该是教材的编导者,而不是教材的复刻者。

在专业知识学习中融入创新思维,以创新思维解读专业知识。

合格的教师具有**亲和力**,优秀的教师具有**感染力**,杰出的教师具有**震撼力**。

知识提升智慧,知识加智慧成就创新、改变命运。

终身**自学习能力**是自己终生的宝贵财富。

女人需要被人哄着的,男人也需要被人哄着的;学生需要被人哄着的,老师也需要被人哄着的;孩子需要被人哄着的,老人更需要更渴望被人哄着。

记忆着爱让爱更甜,珍惜着情使情更深。

二、相 聚

办学校是办一种精神、一种环境,进大学学习是培养自己一种**超前的思想**、一种**优秀的习惯**。

大学生、研究生进入**自由之思想**、**独立之人格**的大学,和教授、学者们平等与互相尊重相聚是一种缘分,也是一种信任。因为相聚是一种情与爱的交流,相聚是一种能力与思维的对话。因为**与人平等**、**尊重别人,也是在尊重自己**。相聚需要理解和宽容,需要激情与友情,需要幽默与微笑。相聚能传递愉悦,产生友情,给予动力。愿大学期间的相聚能成为青年学生美好人生与迸发出耀眼光辉的起点,我们一起珍惜这样的相聚。

浙江大学新生入学录取通知信内的"老教授寄语"栏中,应学校方之约,笔者曾多年给新生朋友写下如下语重心长的公开信。

可爱的孩子们:

为了实现你人生更高的目标,你我他很高兴相聚在浙江大学。

因为有了你,学校将更有活力更加精彩。

你的可爱让我陶醉,你的优秀使我感动,

你的青春令我羡慕,你的未来叫我牵挂。

向你表示可喜可贺的日子,也是你掌握自己生命之舟的初始时刻。同学们定能更好地应对今后艰辛的人生。但关键是**体是基础,德是根本,勤是前提,悟是关键**。

其次,你应该有一个平静而健康的心理状态。在这精英人才的集合中真实地认识自我,冷静地看待自己,懂得"山外有山天外天,人外自有强我人"是至关重要的。因为系统论的"无后效性原理"告诉我们:系统的过去只能影响现在,而不能直接影响未来。或者说,强者的你只是过去,将来不一定强。

我们都应该对天地对他人对法规对知识要有敬畏、有感恩、能顺应。我们都应该按照自然规律生活,在合适的时间段内合适的环境中做顺应自然规律的事。在该读书时奋发读书,在该恋爱结婚时充分享受爱情。

再次,良好的生活与学习的习惯犹如钢索不会轻易折断,它将陪伴你终身。它是做人之福、生命之缘。它或许能体现出差距,或许就是成败之关键。其中懒惰与浮躁乃是人生的大敌。

体育锻炼与读书是没有假期的。只有强健的体魄才能应对人生的艰辛与激烈的竞争。每天读书与锻炼的习惯将使你终身受益。"心静书自香,书香乃至乐。"**读书似乎是单调而辛苦的,但是读书又是一种磨炼与积累,更是一种享受。**这种享受无时不在、无处不在。**学理工的朋友应注意提升自身的文化修养,学人文的同学则要加强自己的数理知识与思维。**如果你能在相应法则约束下胜出,就更能显示出你的实力与素养。

最后，好人有情，好人为善，学做能善待与宽容他人、尊重与关心他人的好人。对家长、对师长、对同学，以及对知识的追求，你都应该有情的付出与情的交流。情会给你愉悦，给你执着，给你伟业与幸福。

你热烈的青春需要用激情用有情为善的人格燃烧出来；你美好的未来需要用你的信心、你的勤奋、你的悟性镶嵌出来；你远大的理想需要以你强健的体魄、坚实的基础知识以及良好的生活学习习惯为基础，需要你优秀的人品与丰富活跃的思维方法等能力。

年轻的朋友们，请相信你自己，相信你自己的每一颗晶莹的汗珠，成功一定是属于有远见、有充分准备的你。幸福一定是属于有情为善且敢对自己对他人对社会负责任的好人——你、你们。

朋友，给你们一个拥抱，轻轻而紧紧的；给你们一个微笑，轻松而愉悦的；给你们一个祝福，深深而永久的。

愿我们能成为好朋友。

三、别　离

分别是感伤的，又是无奈的，但分别有一种记忆与回味的味道。回味是一剂生活中不可缺少的调味品。分别时的情难舍，只有珍惜情才会情更深。

学生毕业离开母校和老师是自然而然的，师生几年一起度过的那些时光不再有。离别前，师生再聊上几句是人之常情和依依不舍情感的流露，是在为对方考虑着的行为。

笔者在校园网上曾给浙江大学毕业生写过离别赠言，表达对学生的牵挂和祝福。有许多学生跟帖留言，让我十分感动。这份赠言后被《北京青年报》《钱江晚报》《新华报业》《浙大校友》等报刊大量转载。

可爱的孩子们：

你们是我生命的延续，你们是我愉悦的源泉。

如今，你们即将别离伴随了你们人生最美好四年的浙江大学。分别是无奈的，又是遗憾的，但分别是一种回味与记忆。你的阳光与微笑，你的可爱与善良，让我陶醉；你珍惜着你的青春，你记忆着我们愉悦而深深之情，让我感动。

记忆着爱让爱更甜，珍惜着情使情更深。

在我坎坷的人生经历中，最值得我记忆和回味的是你们对我的喜爱与信任，因为这才是最有价值的，是最为珍贵的。我十分谢谢你们！

在你的人生一大转折之时，我相信你已有能力、也有实力能应对今后艰苦的人生与激烈的社会竞争。但是**体是基础，德是根本，勤是前提，悟是关键**，始终是你一生生活与事业的准则。希望你的优秀不要被你的细节疏忽而逊色，你的机遇不要因你的习惯不当而错失，因为良好的习惯是人生之福、生命之缘。因为细节体现着差距，习惯影响着成败。

人生苦短，青春更短。

希望你在追寻梦想过程中，不以己悲，不以物喜。**得未必尽得，失未必尽失**。追求你该追求的，付出你该付出的，放下你该放下的。

再见吧，朋友！若再续缘，但愿缘就在明天，你我重逢在你那灿烂的季节。

数风流时光还看明天，数风流人物还看你们！

四、再相聚

学生毕业 $N(N \geqslant 10)$ 年后，集体返校聚会时，他们往往邀请笔者相聚并讲话。这里是我其中的一段发言。

同学们，朋友们：

N 年后的今天，我们再相聚是一种情与爱的回味与延续。这种友情是自然的是纯真的，让我感动，令人陶醉。因为**一切的美，数人最美，深情更美**。因为人世间，无论风风雨雨、起起落落，不管分分合合、悲悲喜喜,唯有真正的友情与亲情才是弥足珍贵的。

这 N 年间,你们享受着爱情与家庭的幸福;你们奋斗着追逐着你的理想与喜爱的事业;你们经历着生活的酸甜苦辣、顺逆起伏……这就是生活,这也是财富。或许你成功,你富有,你风光,则我为你骄傲向你祝贺;或许你平淡,但又何妨,只要按照自然规律生活,只要你能为他人考虑就是幸福。

N 年后的今天,你们已在经历过岁月积淀后的美好岁月中。你们在青春阳光中依旧透射出成熟的韵味,味道好极了。但中年是人生的一个拐点,可以是事业发展的一个新起点,也可能是身体体弱多病的开始,正如俗话所说"老年病痛,中年招的"。请你们注意:自己健康是万事之首,加强力量、耐力、柔韧的体能锻炼,有规律地生活。

明天,我们又将分别。在分别相送挥手道一声珍重的时候,祝福在眼神中,深情在心底处。为你祈祷,祝你好运,给你健康。

人远情长。

第二节 喜 爱

喜爱,包括喜爱他人和被他人喜爱两个方面。

喜爱一个人，根本的就是喜爱对方能为他人着想。例如，和蔼可亲的姿态正是他的尊重别人、关爱他人、平等待人的品质，此人当然被大家喜爱。

被他人喜爱，正是大家对自己能为他人着想的言行的肯定与赞美，这是十分欣慰与幸福的。

被大家喜爱的人必定是会喜爱他人的人。不会喜爱他人的人必定不会被人喜爱。

一、喜爱的职业

（1）选择一种自己喜爱的职业是一生中非常重要的事情。

任何职业都是在为他人服务，故都应该为他人着想。例如，教师是一种为学生着想的职业，医生是一种为患者着想的职业等。

我喜爱教师这个职业，我喜爱我的学生。这种喜爱直抵我的内心深处，为我喜爱的教师职业工作一生。

教师是被人们喜爱的又尊敬的职业。因为教师是学生的**表率**、**人梯**与**朋友**，教师是**学者**又是**编导**。

喜爱大学教师这个职业，关键的原因是大学教师能始终保持科学研究思维的活跃与开放，没有束缚地追赶国际的前沿与前人还没有的东西。

喜爱医生这个职业，因为医生应该具有精于术、仁于心、诚于道的能力与品质。

（2）喜爱一种职业就会喜爱与该职业相关的人和事。但从事一种工作，要做到让大家满意且被喜爱的确不容易，要做到极致更有一定的难度。而在自己喜爱的职业中工作，还是比较容易被认可被喜爱的。

四十几岁时，很多学生就公开喊我"爷爷"，我大为震惊，感叹自己那么老了吗？有学生告诉我"爷爷"是一种尊称与昵称，是大家喜爱我的一种称呼时，我也就欣然接受，并渐渐习惯了"爷爷"的称呼。

在全校仅有的两次学生自发评选"我最喜爱的浙大老师"，本人都有幸获此殊荣。这或许是我喜爱教师这个职业和喜爱学生的结果，我被广大学生喜爱真是我的幸运和幸福。

教师对学生的情爱是无私的、纯真的、深远的。

学生对老师的喜爱是最真情的、最珍贵的、最有价值的。

（3）人们称教师是人类的灵魂工程师，其意就是教师具有很高的思想境界、很强的人格魅力和好人价值。人们认为教师具有蜡烛精神，燃尽自己照亮别人。所以，一位真正的好教师的必要条件是他必须是一位好人，一位心中行中时时处处必有他人的好人，即**不能考虑到他人的人不可能成为一位好教师**。这里，好教师的好就是为他的好人核心价值。只有教师是位好人，才能培养与影响学生成为一位好人。

一位好教师应该是一个用心的人高尚的人，是一个愿意为学生毫无保留地消耗自己一生精力和时间的人，是一个对学生对教学有着深厚感情的人，是一个知识渊博思维活跃的人,是一个幽默又有激情的人,是一个能与学生在倾听、陪伴的交流中建立互相尊重互相信任互相依恋的亲和关系的人。反之必不行。

一位合格的好教师应该具有亲和力,一位优秀的好教师应该具有感染力,一位杰出的好教师应该具有震撼力。具有亲和力、感染力和震撼力的教师必定会被广大学生认定为"我们最喜爱的老师"。这是广大学生对这位老师的人品、业务和能力的肯定与褒奖,是教师最高与最纯的荣誉。

(4)大学需要一大批深受广大学生喜爱的好人教师,但是许多大学的教学督导组只对教师督责却不去引导更不会指导,让许多青年教师对教学无所适从。正如在某综合性大学里几位青年教师对我说:"不是我们不想教好书,也不是我们没有爱心。我们也希望自己的教学能像你一样生动活泼、幽默风趣、情爱丰富、思维活跃,但是从来没有人具体告诉我们如何去教学。"

二、喜爱的职场

(1)选择喜爱的工作单位也是一生中很重要的事情,希望所在的工作单位能使每个成员感受到尊重与平等,获得关怀与愉悦,并有发展与提升的机遇。在喜爱的职场里工作会使自己更喜爱所从事的职业,会更好地为他人着想。

我喜爱教师这个职业,也希望有人情味的学校,被人喜爱的学校。

被人喜爱的学校就是创造一种环境和氛围。学校的教学就是铸造人的精神与情爱,培养人的良好习惯与素质,挖掘人的潜能与特质,训练人的终身自学习的能力与独特的创新思维,给予学生力量与信心。**学校应以学生为本、学风为要、教师为先。**学校应以教师为主导者,教师为学生而存在着工作着。教师和学生才是学校存在的意义所在。

(2)大学是知识的圣地、精神的殿堂。大学的精神是民族的脊梁、社会的未来、人类的希望。大学的责任是培养能引领未来的人,能产生影响社会或影响科学发展的新思想人物。

大学一定要有准确的功能定位。培养人才、培养好人是大学的核心价值。大学的使命是让教师和学生确立正确的人生价值,承担起更大的社会责任。大学是对人的道德素养、科学素养、人文素养全面培养的教育机构,而不是纯粹的研究机构。大学应该教育培养每个人成为能为他人为社会考虑的好人。当然,大学必须加强科学研究,它既是社会的需求,又是以学术研究促使教学质量提高的要求。

(3)教师是否能够把自己的注意力真正集中在学生身上,学生是否有动力主动学习,是大学教育中的两个最基本的问题。大学的管理层应给以足够的思考和切实的解决。

学校应该是被学生和老师都喜爱的场所,教师和学生都应该受到尊重与信任。

第三节 情爱与愉悦

喜爱的理念应该就是为他人着想。喜爱并践行着自己的职业理念是一件幸事。

我喜爱教师这个职业,自我确立的教学理念有:为学生爱学生爱教学的情爱教学;让学生和教师都舒服的愉悦教学;在专业知识教授中融入创新思维的教学和学生的终身自学习能力的培养,都让我喜爱不已。

一、情爱教学

情爱是尊重与平等,是信任与理解,是倾听与陪伴,是耐心与赏识。

(1)情爱是指人与人之间互相爱护的感情,其核心是**尊重**。显然,平等、信任与理解的本身都是一种尊重。

情爱教学的价值在于让师生都获得尊重与信任。

尊重他人,其实很简单又很容易。例如,面对对方的说话、提问或倾诉,能专注地倾听和陪伴,目视对方,不厌其烦,耐心细致,和颜悦色。有事要及时打招呼,有信息要全部坦诚地讲清楚,应该当面讲的不可只在微信群中说说。对被馈赠与问候,应及时回应与感谢。否则,就是对对方的一种不尊重。任何人都讨厌被人俯视与不屑和被人全盘否定。

（2）情爱教学是指尊重教师、尊重学生、尊重教学，使教师和学生都受到应有的尊重与信任，都受到应有的平等与关爱，知悉相应的真相。

例如，教师尊重学生自己的兴趣与选择也是一种情与爱。必要的教导、指导与引导后，学生的人生应该交给他们自己去掌控。因为他们是独立的个体，有独立的思想与尊严，他们有权利有能力追求自己的目标，生活也会更精彩更有成就。

社会上有人总会规劝教师要迁就学生迎合学生，这对教师太不公平，会让教师失责失尊。因为教师也有自己的尊严与人格，不会在学生之上，也不希望在学生之下，这是尊重自己追求平等的基础。同理，有人喜欢劝说老人在小辈面前要"老做小"，这对老人来说也太屈尊了。老人爱小辈不止，但也不希望在小辈之下，只求平等。

心灵平等的对话，灵魂平等的触摸。

又如，某大学一位有着很高威望的老教授正在讲课，当他正严谨地推演着一重要的理工命题之时，突然有人不打招呼地冲进教室，揪住一位趴在桌上睡觉的学生怒斥。这位老教授对着那人怒吼："请你出去！你扰乱了课堂秩序。""请你尊重教师，尊重我的学生，尊重课堂教学！""你擅自硬闯正在上课的课堂，你对教学毫无敬畏！""你连尊重都不懂，更不懂对教学的敬慕。"那个目无他人的人只好在哑口无言、神色尴尬中怏怏离去，教室里瞬间响起雷鸣般的掌声。

这里,想起了我当年曾多次为捍卫有些学生的权利而奔走呼吁的场景。

(3) **寓爱于信任与理解,寓爱于点点滴滴与只言片语。**情爱教学的价值又在于师生之间可以互相从中取利,获得喜爱与快乐,收获新知识新思想,以及提升自己为他人着想的能力。

一个人对另一个人意味着什么。或许是一个人被另一个人的频繁霸凌或长期嫌弃而伤心,被击倒,被逼得妄自菲薄、一蹶不振,甚至对生命存在的意义产生严重怀疑。但是更多更重要的是一个人被另一个人的一句话或一个举动击中,使前者更有自信和力量,而影响他一生,助他养成良好的习惯、练就较强的能力。教师应该是担当这种职责的人。教师自身的思想行为、业务水准往往以其眼神肢体与只言片语的形式充分体现在对学生的情爱与责任上。

例如,"体是基础,德是根本,勤是前提,悟是关键。""你的优秀使我感动,你的未来令我牵挂。""放弃该放弃的是聪慧,不放弃不该放弃的是执着。""良好的习惯是做人之福,生命之缘,人生之美。""陪伴、倾听是对对方最大的关爱,耐心、问候是给对方最好的礼物。"这些精微深情的语言,学生是懂得其大义的,也必会影响一部分人的人生。

学生对谁是学科的"权威"并不那么关注,根本见不着面的"权威"对学生而言,意义是微乎其微的。学生需要的是会考虑到学生、受他们喜爱与尊敬的能够直面交谈的优秀教授。

这些教授不仅会顾及学生的当下，更会考虑学生的未来；不仅会考虑到学生的业务知识，也关心影响学生人生的基本素质：健康的体魄、良好的习惯、终身的自学习能力、严谨的科学态度、活跃的创新思维，以及考虑他人的自觉等。这就是情爱教学。许多学生在给笔者的信中和网上留言中写道："说实话，读书那么多年，您是最有真情与挚爱的老师。""您的课最别开生面，还让我们学到了许多课本以外的东西和人生哲理。""您点点滴滴的思想和言简意赅的言语给我们力量，鼓舞着我们。"……

（4）**以爱动其心，以严导其行；寓爱于严，寓严于情；寓爱于刚柔相济、严慈同体**是情爱教学的主要特色。它是一种情与爱，是一种责任，是对学生的当下与一生考虑的真诚和殷殷期望。

这种教学方式对学生有一定的肯定与赞美，同时要有适当的管教、委婉的批评与必要的惩戒。让学生明白纵容放肆自己是要付出代价的，懂得接受挫折与困难、向规则低头遵守公德是必要的，这是对自己负责又是为他人着想。当然，切忌赞美过度，又切忌惩戒过度。

这种教学方式是以爱为前提，应让学生认同与接受。学生尊敬每一位对自己严格又有情爱的老师，给以充分的信任与尊重是对教师的情与爱，学生不应错失和这类教师成为挚友的机会。家长对自己的孩子亦然。

（5）一个人能和严慈相间的年长贤者，或和真诚为他的年轻善者成为挚友都是一生的幸事,互相平等互为尊重与信任,双方都会很享受。

喜爱学生的老师把学生当挚友,为学生愿付出一切,还不问学生是否把自己当朋友。喜爱学生的老师会用心去感受学生不同时期的思想:离家入学时的迷惘,毕业离校季的困惑,过年过节时的思念,学业受阻时的无助,恋爱交友中的无奈等,都会给予同情、理解、引导与帮助,给学生温暖与力量。"您的一次次问候与微笑感动着我们,您的耐心倾听我们倾诉的真心鼓舞着我们……"这些就是学生对老师的回应。

人与人之间,若失去了平等与信任,则失去了尊重与自由,失去了情与爱。

二、愉悦教学

好人让他人舒服,教师让学生快乐。

(1)教师是一种快乐的职业。如果教学过程能让学生愉悦,教师也就因学生的愉悦而愉悦,师生心情就会轻松愉悦,师生也会觉得教与学是那么的有意思、有吸引力。愿这种教师的存在能成为学生愉悦的理由。

教师教得愉悦,学生就会学得轻松。当然教师除应是能考虑他人的好人,又是一位具有较强的业务与思维水平的学者之外,还应该懂得:

讲台是我愉悦的源泉,学生是我生命的延续。

一句幽默的话,从中领悟真谛;一瞬间的微笑,从中感悟真情。

(2) 教师是学生的表率、人梯与朋友,教师又是一位学者,更是编导。

教师应该善于对教材进行重新编辑,对课堂教学善于主导、调节,以使气氛达到事半功倍的效果。教师的这种编导能力直接影响到情爱教学、愉悦教学等效果。

例如,对不同时段不同对象,教师对相同的教学内容应该重新编导,应有不同的讲解。又如,讲课应该是讲,而不是念或读。讲课要即兴发挥、通俗易懂,能活跃气氛,能激发创新思维。优秀教师的教学能让学生感受到教师刚劲或秀气的文字、形象又俏皮的口语、丰富多彩的肢体语言、喜怒哀乐的表情语言、神采飞扬的思维语言和充满炽热的心灵情爱等,这些语言交织在一起足以征服每一位学生。让师生一起充分愉悦,任思维尽情飞扬,任智慧充分绽放。这才是愉悦教学。

(3) 如今,有不少教师不会上课,过度依赖使用"PPT",按照预先设定的步骤进行课堂教学。在课堂预设的框架内,教师照着"PPT"读,只念不讲、面无表情、肢体僵硬,使得课堂刻板机械、死气沉沉,不会根据学生现场的反应针对性地生成课堂。对于这类教学方式,学生无可奈何,只有讨厌没有愉悦。教师亦然。如果被强行逼迫必须全程使用"PPT"教学,则师生都难以享受到教学的愉悦。

其实,最好的课堂授课方式还是回归到黑板加粉笔,

"PPT"仅作为辅助手段。课堂上师生间的语言、眼神、肢体、表情、情爱等互动与交流的即兴课堂生成，才会让学生产生兴趣，获得享受。

以玩赏的心态认真地教积极地学，在认真地教积极地学中领悟玩赏的魅力，这是教与学的最高境界。

第四节　创新思维

创新，是人类活动中一个永恒的主题。

人们喜爱创新，喜爱创新思维。

一、创新小析

创新，也是考虑他人、考虑社会、考虑人类的好人活动。创新的成果给社会带去进步，给人类带去幸福。创新的过程和结果以及创新思维本身给创新者是一种享受和快乐，是一种精神与思想的自由。

创新，是一种追求一种精神一种能力。

创新，是一件新颖的具有挑战性和颠覆性的工作。创新，是在做前人没有做过的工作，破除陈旧的，拓展现有的，冲破固有的。创新，是发现人类尚未发现的，探索人类尚未涉足的。创新，就是问出人家提不出的问题，看到人家看不到的现象,做到人家做不到的事,如新的成果、新的技术、新的系统、新的方法、新的理论、新的思想等。创新不是一般人所追求的那么简单。

创新,是艰难的,会很曲折,甚至会遭遇不断的失败,还会触犯一些人的利益,且创新的成功率很小。即能创新的人是极少数的,创新的结果可能难以被当时的人们认同。不认识到这一点,其后果可能会产生浮躁与急功近利,可能会把抄袭、剽窃等标榜为创新。

创新,要求创新者具有发现问题提出问题的能力,并对提出的问题具有解决的能力。这里,重要的一点是创新者应熟练掌握丰富活跃的创新思维,以及具备会怀疑能批判有思想的创新灵魂。

二、创新思维

创新思维是人们发现、发明与始创活动的一种思维方式与重要手段,是创新的核心与基础。爱因斯坦曾说领悟创新思维与方法比学习专业知识更重要,达尔文曾说创新思维与方法是最有价值的知识。

我喜爱创新思维与创新。

一个人能创新会创新的必要条件之一是具备创新思维。没有创新思维的人是不可能有创新的。创新思维掌握的程度直接影响到创新成果的大小。

（1）基础的创新思维主要有：对偶化原理、特殊与一般、构造与猜想、归纳与联想、组合与分解、抽象与发散、同向与逆向、奇异与灵感、逻辑推理与美学理念，等等。

例如，对奇异美的追求，是创新活动中一种极有价值的创新思维，往往具有原创性的里程碑意义，且会伴随着崭新的手段与方法出现。它具有构思新奇、本质突出、解答奇妙、论证独特等新颖之美。

再如，对偶化原理是由已知命题去发现新的命题、新的结构等的一种重要的创新思维。寻找某一已知系统或结构的对偶系统或对偶结构，就会发现一个崭新的结果与学科。像当年引入无穷大（∞）元素后，便建立起平面上点和直线之间的对偶关系，进一步产生了新的几何学。

又如，很多的新成果往往是从一个特殊的个体或特定特性，去发掘一般性情形可能会产生的新结果。这是由特殊到一般的思维，它在创新活动中应用较广，是基于一般性存在于特殊性之中的思想。

显然，创新思维的魅力在于其深邃的思想、丰富的文化、品质的凝聚、精神的支撑与多学科的融合等，因而创新需要多学科多领域、跨部门跨地域的协同合作、讨论交流，需要创新者具有善于倾听反思、善于沟通合作的团队精神，需要创新者具有该坚持时锲而不舍、该放弃时就会放弃等修养。

（2）一位有较强科研能力的优秀创新者还应该具备三大基本必要条件：丰富而灵活的创新思维；扎实而宽厚的多元知

识储备与积累;强力又自觉的终身自学习能力与"仁于心、诚于德"的精神品质。

由必要条件定义可知:没有多元的知识储备,或没有较强的终生自学习能力,或没有仁心与厚德的修养,则难以成为一位优秀的创新者。

思维过于定势,思想过于禁锢,抱残守缺、固守己见,不肯倾听不善反思,不善沟通不懂放弃与坚持的人是不适宜做创新工作,也不要期望其有创新成果。

(3)创新思维蕴藏在各个学科中,故创新思维是需要被教学与系统学习的,需要教师的传授与指导的。老师应该在讲授专业知识的同时分析指出相应的创新思维,这是学校的担当与教师的职责。

将创新思维教学融入相应专业知识的传授中是最重要的教学理念之一。在这样的教学环境长期熏陶下,学生收获的创新思维必定会终生受用,会自然而然对新的东西产生强烈的探索欲望,会有解决未知问题的能力。

大学应该是培养创新思维的重要阵地,应该是思想没有束缚的场所,应该是各种各样活跃思维聚集与展示的地方。

目前,有许多人天天喊着创新的口号,但是没有开设系统教授创新思维的课程,也没有教授学生去发现问题和提出问题的思维方法。相反,还会有一些扼杀创新思维和能力的束缚。有一位老师曾被授权可以单独考试,每份试卷中都蕴含着创新思维,有专业知识中创新思维的发掘,有论证的多样化分析,有预测猜想的发散性思维讨论等。这种考核的本意就在培养大家的创新思维,学生非常认同,并积极参与,但是几年后还是被封杀了。另外,笔者还曾开设了一门《创新思维选读》的校园精品课,但几年后也没有再获得支持,十分遗憾。

(4)前几年,有人公开提出一种观点——"智慧才能改变命运,知识改变不了命运,有知识没有智慧是噩梦。"这种观点有点偏激,且有逻辑上的错误。

智慧是指辨析判断与发明创造的能力。智慧是创新的一个必要条件,并非充分。**有智慧未必有创新**,没有智慧创新当然有难度。

显然,一个人的智慧不是天生的,却需要被教育的,智慧需要知识的积累和时间延续,其中的知识也包括通过阅人、倾听、反思等行为和自己良好的习惯所获得的人生阅历。所以,**没有一定的知识积累就不可能有一定高度的智慧**。笔者提出如下观点:

知识提升智慧;知识加智慧实现创新、改变命运。

三、自学习能力

自学习能力是指在没有老师教授下能够自己学习掌握**新**的知识**新**的技术与**新**的思维的能力,是能够自己**独立**慎思明辨的能力,是能有自己的批判性思维以及提出自己独特见解或猜想的能力。这里的"自学习"意思不同于平日里人们所说的"自学""自习"。

人们为自己具有较强的自学习能力而自豪。

（1）终身的自学习能力是科学技术发展和社会进步的要求。

具有终身自学习能力的必要条件分别有：有支撑相应新学科的相关扎实而宽广的知识储备；有相当的创新思维；有善于探索的精神与较强的悟性；有会倾听、肯反思等品德方面的修养。反之，便很难拥有良好的终身自学习能力。

创新思维有助于终身自学习能力的快速提升。

具有终身自学习能力后，不必追求太高的学历，可早日参加工作。因为在工作中，会有更多更新更前沿的东西需要去自学习去探索去创新去接受挑战。

例如，承担新的科学研究项目、开设新的前沿课程，以及创建博士、硕士学科点等的每个过程，都是再学习再提高再创新的过程，都需要较强的终身自学习能力。

又如，人民群众对卫生健康的需求越来越大，要求也越来越高，又不断涌现医疗专业的先进理念，产生许多新的医疗技术与医疗设备。只有具备终身自学习能力的医者才能及时跟进，理解并辨识前沿的医疗理念，学习掌握前沿的医疗技术，才能让自己的医疗水准始终位于前沿。

当然，终身自学习的兴趣、习惯与能力是需要培养的。若不能教会学生终身自学习的方法，则是学校与老师的失责。令人忧虑的是当前学生的终身自学习能力较欠缺，甚至部分硕士生博士生都不知道如何自学习掌握前沿领域的知识。

（2）自学习能力是创新者创新的一个必要条件，即创新者必定具有自学习的能力，没有自学习的能力必定不会有创新。但即使有自学习能力，则未必有创新。或者说，自学习能力不是创新者的充分条件。习惯于学习课本知识，并能应对各类考试的人不一定有自学习的能力，更未必具有创新的能力。

与其说，创新者具体掌握某个专业当前的一些知识来应对未来的快速变化，还不如拥有相当的创新思维与掌握扎实的基础专业知识，以及终身自学习能力，通过不断学习来适应未来世界科学技术的变化。

终身学习需要具有终身自学习的能力，终身自学习能力可使自己终身学习。**终身学习是一种乐趣**，终身学习使自己终身受益。

人们敬仰、尊重有着强大自学习能力的人。例如，二十世纪五十年代我们的中学数学老师与语文老师虽只有初小学历，但他们以强大的终身自学习能力，高质量地完成了我们从初一到高三的全部教学任务，并在当年高考中，其成绩在全国名列前茅。我们至今仍佩服这两位老师，为他们自豪和骄傲。

显然，终身自学习不是仅仅局限于专业知识与创新思维范围的学习，更重要的是终身自学习如何做位为他人着想的好人。

终身要学习，终生要为他。

为他的精神长存，为他的好人更多。